献给希望永远自信得体的女人

优 雅

〔法国〕热纳维耶芙·安托万·达里奥 著

龚橙 译

译林出版社

目录 Contents

前　言

何为优雅？

优雅是一种和谐，与美丽很相似。但美丽往往是一种自然的恩赐，而优雅则是艺术的结晶。

优雅的起源不难追溯，它在文明中诞生、发展。优雅（elegance）一词源自拉丁文 eligere，意为"精选"。

我写此书的目的并非是对优雅的方方面面一一诠释。优雅的类别数不胜数——举止、谈吐、装饰，以及生活艺术的其他方面——我只着墨在个人搭配及其与时尚的关联方面。不过，真正优雅的女性自然是各个方面都应该注意的。扯着嗓子说话或者踱着鸭步走路的女性，会轻易毁掉精心打造的美丽形象。然而，优雅的外延过于广泛，用一本书来阐释远远不够，况且其他方面也非我所长。只有谈论时尚我才得心应手。

自幼年时，我为之入迷的一件事就是穿戴漂亮。母亲是一位时尚感觉非常敏锐的女性，她鼓励了我这早熟的野心。每次放了学，我宁愿陪她去裁缝店，而非到电影院看鲁道夫·瓦伦蒂诺的表演。我喜欢编织，曾经织过针法非常复杂的毛衣。我自己设计了毛衣的样式，班里永远不会有人跟我撞衫。我讨厌千人一面、毫无特色。

年纪渐长，我有了一位对我的穿着极其感兴趣的丈夫，又有了一个我乐于打扮的女儿。后来，一位朋友建议我把自己设计的项链展示给卢西恩·勒隆——巴黎当时的顶级女装设计师。就这样，我成功卖掉了自己的作品。这最初的成功销售让我乐得飘飘然。但很快我就冷静了下来，因为如果经营这项生意，我需要面对各种烦琐细节。

很快，我取得了高级女装首饰设计师专业头衔，这意味着我大部分的生意与高级女装相关。这种时装由巴黎的重量级设计师设计，并在自己的沙龙里出售。此外，我还在一家小型针织公司担任设计师。一开始，我的各项业务规模都不大。在首饰品牌方面，我自己负责设计珠宝，采购原料，并送至时装店出售。

有一天，一家精品店请我设计一件沙滩装。从此，我开启了女装设计生涯，并慢慢退出了首饰设计和针织行业。

当时，我自己的女装店 Genevieve d'Ariaux（热纳维耶芙·达里奥）生意兴隆。有一批时尚的女顾客，她们很喜欢我设计的服装，却告诉我她们付不起我要的价钱。但是我对质量有近乎狂热的偏执，自己不能完全满意的衣服是无法交货的，价格自然飙升。因此，当莲娜丽姿的儿子罗伯特，也就是莲娜丽姿公司的总裁，邀请我担任其服装指导时，我欣然接受。一直以来，我都心存感激，感谢他让我摆脱财务担忧，并能继续保持对时尚的热爱。

我此生致力为客户提出建议，帮助他们选择最适合自己的装扮。有些顾客极其美丽，也懂得自己想要什么，完全无须帮助。正如欣赏艺术品一样，我也欣赏她们。但是这群人通常不是我最关心的顾客，因为我对她们而言作用甚微。我最喜欢的顾客，是那些既没有时间也没有经验来好好装扮自己的女性，她们渴望从专业人士处获得建议，变得优雅。对于这类女性，我很愿意发挥想象，根据她们的生活方式和社交环境，为其制订包括配饰在内的全套衣橱计划。

于我而言，让平凡女性变身为优雅女人——请允许我大词小用——仍然是我一生的使命。

准备好了吗？你是否愿意玩一场卖花女的变身游戏？如果对我尚有信心，请听我分享一些实用的技巧。你一定能通过自身的优雅展现出最出色的自己。

Accessories

配饰

无论是一双手套、一顶帽子、一双鞋还是一只手袋，恰到好处的配饰绝对是优雅仪态的重要加分项。如果选择得当，配饰会让一件普通的裙子或套装看起来更有质感；反之，大牌设计师的魅力也会由于蹩脚的搭配而大打折扣。

女人买外衣或套装时，通常看了单衣价签即决定下手，往往忽略了一点：如果衣橱里尚无颜色合适的配饰与这款新衣搭配，那么她还需要购入一套全新的配饰，这样一来开销可能就加倍了。

每个女人都应该有一整套黑色的配饰。可能的话，另入一套褐色的。再为夏天备双米色鞋子及同色草编手袋。有了这些最基本的配饰，几乎所有衣服都会变得更出彩。当年迪奥首次在同一套服装里结合了褐色与黑色时，公众哗然；而如今这两色已然成为经典搭配，正如藏青色与黑色一样。

当然，每类配饰最好都准备两种版本：运动休闲与正式场合。看到衣着考究却挽着鳄鱼皮手袋的女士，我会忍不住露出惊愕的表情。她或许仅仅因为花了一大笔钱买包就不顾场合随意搭配。严格来讲，鳄鱼皮制的鞋包仅适用于运动或旅行场合。或许它们看起来令人艳羡，但每晚五点以后，这类价格不菲的制品便应该悄然退场。

慎穿亮色鞋。它们只有在夜晚的灯光下与或长或短的晚礼服搭配才合适。漫步城市街头最好不要穿白鞋（当然热带城市例外），除非是在夏日搭配同色连衣裙。米色手袋和鞋子色调柔和，比白色更好搭。

有些女性但凡天气还过得去就忍不住挎上白色手袋，我个人却对此款配饰不太热衷，除非是设计简约或带串珠的白色缎面晚宴包。在海滩或者避暑度假时使用白色手袋尚可接受，但出现在城市街头总不免让人觉着俗气，就算是在八月中旬的盛夏也不例外。

作为全法兰西最善着装的女人之一，布里卡尔夫人曾为克里斯汀·迪奥提供了无数创作灵感。她就从不携手袋出门，但外套衬里藏着多个口袋方便使用。不过我们没必要像她那么极端啦。

如果手袋里的零碎物件都暗合同一主题，你的手袋会更加迷人。建议根据颜色和材质慢慢收集成套：钱包、零钱袋、梳子盒、钥匙包、眼镜盒等。（如果你要送别人一份小礼物，这是不错的主题。）整套组合的风格样式取决于主人钱包的深度。不过，无论它是普通模样的手袋还是昂贵的古董金包，你最好再去寻一只相配的唇膏盒。当然，自不必说，每天早晨记得换一块干净手帕。我个人偏爱白色细麻布制的手帕，绣着名字缩写的那种。

简言之，好好想想如何选择配饰，不要冲动购买与你已有的服饰体系不相配的单品。牢记"贪图便宜货，多花冤枉钱"的道理。我不是什么有钱人，但是多年来都从 Hermès、Germaine Guerin 和 Roberta 购入手袋。虽然也曾因为冲动买过便宜包袋，但后来都无一例外被我淘汰。鞋和手套的选择亦同此理。

　　我知道这些规则看起来有些过于严格，并且花费不菲，但是这些努力将助你打开优雅之门。

Adaptability

因地制宜

现代生活提出了一个问题：女人怎么能只靠一套衣服 Hold 住一天中的任何时候、任何场合呢？百货公司为其出售 的套装乐观地打出广告，号称这些衣服完全可以"从正午穿 到午夜"。但其实更准确地说，这些衣服顶多能从下午五点 穿到深夜，因为早上穿会显得过于正式。

这种情况下，一套设计简洁的深色毛料套装是最合适的， 它可以遮住低胸上装。你可以从早上挎的大手袋里拿出小尺 寸的晚宴包和做工考究的珠宝，为晚上的出场更换装扮。

任何时候，精致的小牛皮无带平跟鞋都是别致的选择。 可是绒面革的鞋子（仅适用于白天）或者扣带鞋（应与华丽的装扮搭配）却并非如此。你需要花些时间来做相应的计划。擅长根据场合改变装扮是一种才能，丢三落四的女人是很难做到的。

年龄

法国有句格言说:"优雅是年长的特权。"诚然,女人直到生命终结时仍可以保持优雅。不过,随着年华逝去,一个女人的风格也会发生改变。因此,她必须足够理智和客观,以认清现实。老妇刻意装嫩,或少女穿上四十岁妇女的服装扮老成,都同样荒唐得令人发笑。

年轻女孩如果有一些搭配上

的怪癖，是可以被宽容的，她们长大后回看，自己也会对此付之一笑。我年轻时也曾失心疯迷上奇怪的沙滩服和帽子，现在想起时当然难以接受。那时，我丈夫一定暗暗祈祷与我出行不要被别人看见。不过，优雅只能在犯了无数错误之后才会习得，甚至是当时都无法意识到的错误。

对年纪稍长的女士，更准确地说，对显得年纪稍长的女士而言，过于鲜艳的颜色和标新立异的样式就太过了，比如太短的裙子。

有些色调的服饰尤其不适合灰色的头发。简单来说，所有怪异夸张的颜色都是禁忌，如电光蓝、鲜橙、亮红、豆绿等。另一方面，柔和的颜色通常都比较合适，如灰色、米色、红色、白色和黑色。不过，纯黑色衣服容易使脸部显得僵硬，最好在领口配上珍珠项链之类的浅色饰物。

如果你的皮肤有了岁月的痕迹，最好谨慎使用某些面料，如粗花呢、大片的马海毛、发亮的硬绸和缎面。

年长女士的得体装扮要点：

- 淡雅柔和的色调。

- 饰带、轻柔的绉纱，以及纯毛制品。

- 晚装的领口要低胸露肩，但不要选择无肩带的衣服。

- 丝巾、披肩，以及帕什米纳长围巾。

- 帽檐能遮住眼睛的帽子。

- 夏天穿凉快的短袖衣服，但切忌露出上臂。

　　上了一定年纪的女人更适合浅色着装，也更适合较浅的发色。不喜欢灰发的女士通常会将头发漂染回年轻时的发色。但是过几年之后，就应该考虑回归自然的灰发或者染成较浅的颜色是否更适合。全白的发色总是讨人喜欢的，除非加了夸张的蓝或紫的挑染。

　　妆容也应该更淡，但绝不要素颜。因为不化妆会显得人老气又不修边幅。年长的女士最常犯的错误，就是在脸颊上搽两团鲜艳的胭脂。我常常疑心这到底是因为没有品位，还是因为眼神不好。最妥当的化妆程序是这样的：使用液体的或乳状的胭脂，它们比固体的胭脂更容易涂抹均匀；在亮光下照镜子，端详自己的脸，去掉脸上多余的修饰。

对于更年长的女士，永远不要认为 70 岁就可以停止优雅了。

保持优雅的简单建议：

- 不要放弃穿高跟鞋。但是要选择跟较低较稳的那种。
- 如果你有静脉曲张，穿中性色的尼龙弹力丝袜。它们看着透明，实际上完全不会。
- 选择容易穿脱的服装，如前开扣的衣服或者后背带有超长拉链的衣服。你身体的柔韧性已经不如年少时了，何必强迫自己钻进一条费劲的裙子。几乎所有服装都可以设计成跨进去穿上来的形式。
- 考虑到年龄的关系，你处于坐姿的状态会更久，选择适合坐姿的微喇裙子，使用塔夫绸或真丝内衬以防拱起。最重要的是，避免穿窄身的直筒裙，坐下时它会缩到膝盖以上。
- 由于你的裙子、外衣和套装都逐渐趋于简洁，那就

更加需要注意配饰的雅致。年长女士的理想衣橱里
应该备有几套设计考究的衣服，以及多件极其精致
的配饰。

- 只穿浅色马海毛披肩和柔软的羊毛衫，选你买得起
  的最漂亮的那种。只选择最柔软精巧的小片皮草领
  饰，还有最优雅的羊毛长袍和家居服。
- 最后一点，对自己的仪容应该越来越讲究。不甚平
  整的大衣边缘、穿破的鞋子或者是不整洁的发式都
  会让人失去吸引力。

简而言之，在上了一定年纪后，女人的优雅应该取决于
行为举止的打磨和修炼。到了人生的秋天，女人就如同进入
了柔板乐章，其行为举止与衣着打扮都应该日趋柔和，展现
低调高雅的品位。她应该以长远的眼光看待稍纵即逝的当下
时尚，始终坚持最适合自己的风格。最优雅的女人是有自己
个人风格的女人，她们多年来精心装扮，十分了解什么最适
合自己，并且信守不懈。

Bargains

划算

在购买衣服的时候，其实很难判断这笔交易是否划算，因为价签上的数字不一定代表衣服的价值。

如果你想弄明白一件衣服真正花了你多少钱，那应该把衣服的支付费用平摊到穿着次数上，并且应该通过衣服给你带来的愉悦、自信和优雅而慷慨地为其加分。半价拿下的衣服要是只穿过一次，那完全是浪费；而花了将近其六倍价钱量身定做的套装，如果让你心生自信，好几年都穿足了八个月，那也是非常划算的！

很难找到女性置装如何实现划算的铁律。但是从我的个人经验出发，对一件衣服一见钟情比前思后想更有助于你做成功的判断。每次我出于理性买的衣服，都不怎么穿；反而出于冲动下手的那些，当下似乎是犯傻，但其实多次的穿着已经值回价钱了。我自己有好些衣服就是穿了多年仍爱不释手的，举几个具体例子：

- 一只六年前购于意大利卡普里岛的米色 Roberta 立绒呢手袋（如今虽然稍有磨损，但在我心里仍然无可取代）。
- 一件十年前购于巴黎世家的衬以塔夫绸的黑色羊毛披肩，如今迷人依旧。
- 一件克拉海（Grahay）设计的黑色塔夫绸外套，我几乎每次鸡尾酒会和晚宴都会披上它出席。

另一方面，我单纯出于理智购入的衣服却穿得很少，也很难获得穿着的乐趣。比如：

- 一件老款的波斯羊皮外套（尽管每年都费心搭配，

但是从未使其看起来更有生气或别致)。

- 一套大减价时买的蓝狐皮草(在我家衣橱沉睡多年，
  最后只能拿它们来装点各种滑雪大衣的兜帽)。
- 少说也有一百双漂亮、廉价、折磨脚的鞋子。
- 一件跟什么衣服都不搭的白色貂皮领。
- 一套短的、蓝色缎面的晚装(仅穿过两次)。
- 一件黑色塔夫绸晚礼服(对于晚礼服，我总想穿得
  更华丽明朗点，不过这件衣服我也的确穿过一次)。
- 大堆廉价的手包和数不清的小物件。它们的共同点
  是：我出于实用的目的买下，不带丝毫热情。

Beach

沙滩

　　关于沙滩装，有一件事是确定的：如果时下的沙滩装胆敢再少一寸布料，那海滨将很快与广阔的天体营无异了。

　　游泳和日光浴时，人们固然应该尽可能少穿，但是如果你的身材并非绝对完美，如果你超过21 岁，如果你的皮肤不是迷人的金咖色，那你最好还是选择一件连体泳装，因为它比分体泳装更能修饰身形，也更时尚。

当然，没有任何理由让上了年纪、稍有发福或者瘦骨伶仃的女人拒绝阳光和海洋。但是她至少应该避免在公共场合穿着过于暴露或标新立异的衣服。

即便你穿泳装看起来真的很女神，那也不应该在沙滩以外的场合穿。一旦离开沙滩，你就应该加上沙滩袍、裙子、短裤，甚至只是一件超长的衬衫——如果你有一双美腿的话。但是请注意，不要穿短到露出臀部下端的超短裤。虽然从人体结构上来说，臀部整体上是一个迷人的身体部位，但是部分暴露时实在不雅。

在日光下，鲜亮的颜色（红色、蓝色、黄色和白色）比柔和的色调（淡紫色、苔藓绿、芥末黄）更清新，后者容易显脏。

无须赘言，完美的沙滩装还需要搭配合适的鞋子，可以选择亚麻的便鞋或者平底的系带凉鞋。往往这双脚在之前的十一个月里已经受尽折磨，因此，花些心思美足尤为重要。你应该每日磨脚去角质，然后使用乳液软化，将指甲修成短而方的形状，涂上鲜亮的红色甲油——这色甲油跟你所有的夏装都很搭。注意保持腿部光滑。没有什么比马虎的腿部护理更能毁掉一位身着泳装的女性的魅力了。

总之，沙滩上的优雅仪态来源于高雅的裸露，再加上你通过想象力和好品位巧妙搭配的配饰。

Budget

预算

除非你跟好莱坞小明星一样，买得起设计师的所有系列，不然你最好制订明确的服装预算和长期的置装计划。如果精心协调，品位高雅，并且自我节制，那么有限的预算也能让你打扮得光彩照人。以下为一个最基本的完整服装系列。

冬装

- 一件亮色外套，比如红色。
- 一件与外套相配的衬衣。
- 一件颜色是外套补色的毛衣，比如米色或褐色。
- 一条黑色的裙子。

- 一件黑色的毛衣。

- 一件领口漂亮的丝绸衫，黑色或者白色皆可。

- 一双黑色的无带高跟鞋。

- 一双户外穿着的褐色平底鞋。

- 一只黑色皮质手袋。

- 一条珍珠项链。

有了这些，你就可以从容应对工作和约会了。

春装和夏装

- 一件轻便的羊毛套装，灰色或藏青色。

- 两件女式衬衫：一件深色，一件明亮的素色，比如柠檬黄、蓝绿色或粉色。

- 两条与以上女式衬衫同样面料的裙子，以便搭配成两件套的女装，可以作为夏日度假完美装扮。

如果你身材迷人，那么夏日度假着装还有以下选择：

- 一条亮色裤子。

- 一条藏青色的短裤。

- 两件针织棉上衣：其中一件低胸剪裁，但两件都应
  该是很时尚的色调。

- 一只颜色自然未漂染的草编手袋。

- 一双亚麻制的便鞋，与裤子同色。

- 一双系带平底凉鞋。

这些服装至少可以穿两年，而鞋子应该看起来总是崭新
而毫无瑕疵的。

以上所述是着装优雅的最基本条件。如果想达到最理想
的状态，那么当然还需添置不少东西。首要考虑的是一件小
黑裙。不用着急，这些东西都能一一置办，添加到你的基本
衣服系列里。

只要精心搭配，每一样新添置的东西都能带来奇迹般的
效果。仅仅是多搭一条腰带、一串项链，甚至一副耳饰，就

可以让去年的旧装焕然一新。如果你还在为精致的礼服和鞋子攒钱，那就可以先采取这种办法来救救急。

要买到理想配饰和完美衣服，你得花时间和心思好好地在各个商厦逛逛，别只在周末下午的高峰期匆匆扫货，抓到什么买什么。预算越紧张，越不能犯错误。应该时时了解自己在财务上的限制，要认识到如果一时冲动盲目购买时髦物件，那就意味着在接下来这半年里，你没有预算购入新鞋了——要不你就得省下甜点的钱。

人不可能拥有一切，所以我们需要有所取舍。如果你喜欢衣服胜过甜点，我——如你所料——会第一个为你喝彩。即使每月只花 21 美元置装，你仍然可以保持优雅。至少，与那些胡乱花钱但从不精心搭配的女人相比，你肯定会更加优雅。

女人绝不会因为穿得简单而失去优雅；恰恰相反，女人看起来不够优雅往往是因为过多花哨的装饰，或者糟糕的服装搭配，再或者就是不按场合着装。

Chic

别致

不经意的精致成就了别致。比起优雅,别致更难习得,它更多地需要靠聪明和智慧。它是某些人与生俱来的天赋,这些人有时都不知道自己拥有这样的天赋。别致是只有具备一定文化修养的人才能领悟到的。另外,他们还必须有闲暇时间专注于修饰外貌,渴望跻身于某类精英群体——这类人或可称作"外貌贵族"。别致是上天赐予的礼物,与美丽或富有无关。婴儿时期就已经注定了。

举例是描述此种特质的最好方式:

肯尼迪家族算是别致的,杜鲁门家族则不是;

已故的戴安娜王妃是别致的,但玛格丽特公主不算;

玛琳·黛德丽和葛丽泰·嘉宝都是别致的，但是丽塔·海华丝和伊丽莎白·泰勒就不是，尽管她们也有美貌、华服和珠宝。

　　提升你别致品位的第一步，就是意识到你天生不是一个别致的人。你可以委托经验丰富的专业人士来打理你的身形、发型、妆容、举止和着装。至少要了解自己是什么类型：运动休闲风，还是萝莉精致路线。研习时尚杂志。试着在现实生活中找到一位可以作为榜样的女性，她与你同属一种类别，而且大家都认为她别致优雅；仔细分析她的着装风格和行为举止，揣摩学习。这可能并不是习得别致的完美方法，但这确是我所知的最好方式。此外，如果认识到自己并不别致，你已经成功一半了，因为最无药可救的情况就是这位女性根本对别致与否毫无概念。

Coats

外套

我最喜欢的服装是外套和披风。除了那些无法剪裁成形的布料外，它们几乎可以用任何面料来做。它们可宽可窄，可长可短。无论什么身材都可以找到风格适合的外套。

瘦高的女士可以选择长外套、双排扣的短夹克、直筒大衣、短上衣、裹身罩衫（要直筒样式，长短可以随意：包臀、过膝、至小腿，也可以到脚踝）。领口样式可以是多种的，高领、圆领，或者是无领的开襟羊毛衣样式。

个子娇小或者较丰满的女士则适宜选择单排扣、公主线剪裁、宽松但合身的短上衣，梯形宽松服（肩部收窄、下摆外开，呈梯形），披风，平整的毛皮饰边，从脖子底部开口的衣领，长至腕部手镯处的袖子（所有的女人这样穿都会显得更年轻，而且也会使侧面显得更为修长），千万不要选择腰带全别起来的外套。

最漂亮的外套其实就是最简单的外套，它的优雅主要体现于面料的质地、颜色和基本线条的精美。追求优雅的女性购物者应该小心地避开设计师可能犯的错误，例如：不必要的接缝，无实际功能的装饰，以及最要命的假钉纽扣。

从开司米羊毛外套到欧根纱外衣，我们可以为任何场合或季节找到合适的外套。一位讲究穿着的女性的衣橱里至少应该拥有以下外套：

- 一件暖和的冬装。最好要带领。如果外套没有领子，那就找一条与之相配的围巾或者披肩。
- 一件厚度适中的、春秋可穿的羊毛外套，夏夜亦可御寒。选择好质地的面料，黑色、白色或米色都是不错的选择。
- 一件防水风衣。

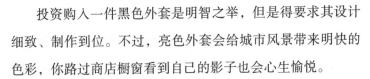

- 一件丝绸的晚礼服大衣（比皮毛夹克更优雅，比裘皮大衣更别致）。

白天或晚上的任何时候都可以穿颜色特别鲜艳的外套。不过，浅色的冬装外套也很时尚，比如浅珊瑚红或者淡蓝色的外套，再搭配褐色的装饰。

投资购入一件黑色外套是明智之举，但是得要求其设计细致、制作到位。不过，亮色外套会给城市风景带来明快的色彩，你路过商店橱窗看到自己的影子也会心生愉悦。

我希望永远不用脱下它们。

Cocktails
鸡尾酒会

鸡尾酒会是现代生活最典型的娱乐方式。它组织起来没有晚宴复杂,不需要投入那么多的想象力,避免了你与很多人整晚无话题可谈却硬着头皮履行社交义务的情况。很多女性会在此场合下向一年见一次或者一月见一次的朋友问好。

最完美的女主人应该穿略露肩或者不露肩,但面料华贵的礼服。如果身形优美,那么一件简单的高领羊毛曳地长裙就是很好的选择。

如今,人们不太区分鸡尾酒会裙与正式的晚宴礼服了,尽管它们并不是完全一样的。鸡尾酒会上客人穿着的礼服不应该太低胸露肩。

　　如果酒会后还要留下来参加自助餐或者正式的晚宴，那么理想的着装应该是一件讲究的低胸裙装，外搭一件合适的外套。

Colour

色彩

　　毋庸置疑，色彩永远是优雅的重要因素，某些经典的色彩搭配极其美丽。不过，与其他任何事物一样，色彩的流行也会随着时间发生变化。从前，谁会想到灰褐色会成为经典外套色？谁会料到中世纪彩绘玻璃窗上常用的青绿和靛蓝可以用作衣料上的印花？要不是克里斯汀·迪奥的创意，谁会想到黑色和褐色可以组合在一起，藏青色和黑色可以同时使用，甚至深绿色与黑色也能搭配？

　　日常穿着时，女人需要对色彩所做的鉴别判断并不复杂。中性色调的皮手套、鞋子和手袋往往最为别致，因此一位优雅女性应该常备一些中性色调的配饰，比如黑色、褐色、

藏青色或天然无漂染的草黄色手袋，黑色、褐色或米色的小
牛皮鞋。所以考虑色彩相关问题时，女人要关心的事情就是
挑选色彩相配的帽子、衬衫、毛衣、围巾和首饰。至于那
些对自己的品位不太确定的女士，可以参考以下不错的色
彩搭配：

浅色主色	搭配色
白色	黑色，所有深色以及亮色
浅米色	黑色，褐色，红色，绿色
浅灰色	褐色，深绿色，深灰色，红色
天蓝色	褐色，深绿色，树莓紫，紫色，米色，深灰色
粉色	米色，紫色，藏青色，灰色
浅黄色	黑色，藏青色，褐色，灰色
淡紫色	深紫色，褐色，藏青色
浅绿色	深绿色，红色

深色主色	搭配色
黑色	米色，白色，微焦的颜色，清爽的颜色，但并非天蓝或粉红这样的淡色（淡黄色除外，不过仅适用于淡黄色帽子配黑色的鞋子、包及手套）
棕色	白色，米色，黑色，橘红色，橙色，深绿色
深灰色	米色，黑色，所有的浅色和亮色
藏蓝色	白色，柠檬黄，绿松石色，树莓紫，鲜绿色，淡紫色
深绿色	天蓝色，白色，米色，鲜红色，淡黄色
深紫红	天蓝色
暗红色	黑色，天蓝色，米色

亮色主色	搭配色
蓝色（略带紫色）	黑色，白色，鲜绿带蓝色
绿松石色（略带绿色的蓝色）	白色，米色，微焦的颜色，藏蓝色
绿色（偏蓝）	藏蓝色，黑色，白色
绿色（微黄）	米色，白色，微焦的颜色
金黄色	黑色，白色，棕色
柠檬黄	黑色，白色，深蓝色，深绿色，淡粉色，橙色
橙色	白色，黑色，暗绿色
树莓红	藏蓝色，白色
鲜亮的红色（朱红）	棕色，白色
紫色	白色，天蓝色，粉红色，绿松石色

所有柔和浅淡的色彩都可以很好地搭配在一起，但这仅适用于盛夏服饰或华丽的晚礼服。不过，一旦将色彩柔和的配饰与都市女郎套装搭配在一起，则往往显得平淡乏味。很难同时将三种不同颜色搭配得优雅和谐，除非其中两种是黑色和白色。根据每个人肤色和发色的不同，服饰上最好选择更适合的颜色。如果是一头火红的亮发，那么明智的做法是不要穿太多红色和粉红色服装。其他情况下，大多数女性没有太多需要在意的禁忌。不过，很多女士从小被灌输了一种观点，认定自己什么颜色可以穿什么颜色不可以穿，这种先入为主的想法，让她们错过尝试其他许多可能适合自己的颜色。

　　如果皮肤晒得很黑，最好避免选择黑色和藏青色，反而褐色会更搭你的肤色。通常，鲜艳的衣饰对穿着者的肤色要求更高，而柔和轻淡的颜色则没有那么挑剔。上了年纪的女士更适合白色、天蓝色、粉红色、浅灰色和米色的衣服，而不是黑色或褐色。

　　几乎在任何时候，红色都是讨喜的。天蓝色亦如此，它不挑肤色、发色，还适合各个年龄段的女士。

在阳光明媚的户外，你可以穿更富有生气颜色的衣服，但是不要穿紫色衣服，因为紫色在亮光下的效果并不好。另外，注意不要穿藏青色棉质衣服，因为藏青色常常显得暗淡，有褪色感。

以下是我个人比较喜欢的：橙色、柠檬色、绿松石色和白色的夏装；黑色、灰色、米色、藏青和褐色的都市装；颜色夺人眼球的套装和外套；还有白色晚装。

坦白讲，在城市的白天，只有穿着中性色调才会显得雅致，甚至在盛夏也不例外——尤其对职业女性来说。不过羊毛外套和套装还是颜色鲜艳点更加迷人。

如果选择白天穿的衣服，那么你在配色时一定要在日光下细心观察；而如果选择晚装，你应该在灯光下挑选颜色。

如果可以的话，别忘了带一小块布样以便观察配色。另两个必不可少的考量是发色和化妆，千万不要怀着侥幸心理，兀自想当然，"如果换了口红颜色，这件衣服还是可以搭的吧。"

时尚杂志编辑和百货公司造型师满怀热情地推广新的色

彩潮流，别太容易被蛊惑，因为你可能很快就审美疲劳了。不管怎样，更好的选择是你能找好适合自己的色彩搭配，不必非局限于蓝色、褐色或米色。不过，在尝试全新的颜色之前，要确保其与你已有的衣服搭配和谐——即便只是一对新的耳饰。

总而言之，优雅的女人必须勇于一次次尝试新的颜色。不过选择时，她需要带着敏锐的眼光和开放的心态。

Comfort

舒适

现代生活中，舒适的观点已经在各个领域深入人心。人们不愿受到任何物理上或道德上的束缚。出于舒适的考虑，有些多年前视为优雅的细节也不再受欢迎。实际上，如今唯一尚存的束缚就是女鞋了，它们的形状完全不会给穿着者带来舒适的感觉。

在假日，大多数人会想要颠覆自己平时的生活方式，转型为森林隐居者或南太平洋的岛民。因此，假日着装一定要舒适，归于简单。换句话说，在度假的夏日沙滩，穿一件会在鸡尾酒会上夺人眼球的晚装是极为不合时宜的。未来，服装设计师的使命就是将舒适和优雅结合。因为现代高级女装的样式过于复杂，与普通女性的日常生活格格不入，往往让消费者泄气。

但是，如果女性一直都在寻求舒适的感觉，那么最后可能成为运动鞋、弹力面料、快餐饮食、跟团旅游的奴隶，困于功能性的单调和普遍的平庸。如果舒适本身成了目的，它将是优雅的头号敌人。

Commuters

通 勤

　　如果你住在郊区，每晚都能逃离城市的喧嚣，那么你的装束就应该跟城市居住者有所不同。

　　一套剪裁合身、设计经典的套装会是最忠实的盟友，购买时要考虑到这套衣服可能会多穿几年，所以款式不必太紧随当下潮流。它最好制作如男装般精良，色调中性（如灰、米色），适合四季穿着。

　　如果你每日乘坐公共交通工具，那么你最需要的是一件上好的外套，夏日可以是一件轻质大衣或防水风衣，在上班的微凉清晨用它们裹住你的薄裙，下班的闷热黄昏脱下放在手臂上。高温时，棉质连身裙配夹克也是不错的搭法。

　　如果你驱车进城，以上都不会成为你的问题。按照城市居住者的穿着就好。

女儿

　　女儿自然是妈妈们的自豪与喜悦，不过遗憾的是，如果妈妈不够优雅，那么女儿们往往就是最直观的反映。如果一位小姑娘烫了头发，扎了缎带，拿着手包，带着雨伞，戴了耳环，或者用一双绉纱底的鞋子搭配一件天鹅绒的裙子，你可以断定她母亲的品位堪忧。

　　对孩子而言，在这样的环境下长大是一种严重的缺陷。因为这个孩子必须有极强的自我个性，才有可能消除那些在早些年被反复灌输形成的坏习惯。反过来，如果妈妈从一开始就教育女儿要爱整洁、勤洗手、好好打理头发，或者，比如告诉她只有在穿戴妥当之后才能坐在餐桌前，那么孩子可能将永远保持这些良好的习惯。

　　小女孩儿穿得越是简单就越显别致。冬天用毛衣配裙子，夏季穿高腰的连身棉布裙。女童裙子合适的长度应当是膝上约 5 厘米。再短则粗俗，再长则乏味。五六岁之前，小女孩儿更适合柔和的浅色，而不是过于鲜亮的颜色。

当孩子长大一些，她在校园的着装基调应以深蓝色或蓝底格子为主，搭配以对比色的衬衫和毛衣。在社交聚会和像婚礼那种对着装要求较高的场合，她可以在冬天穿一件带白色宽边蕾丝衣领的黑天鹅绒裙子，白袜，黑色漆皮扁平系带便鞋；夏天穿高腰印花棉布裙子会倍显动人，参加聚会时则可穿带白色细孔刺绣的礼服；沙滩装则可以是一顶白色粗编太阳帽，搭连体泳衣或连身裤、白色凉鞋，以及一件总在手边的、与泳衣同色的羊毛开衫。

　　有些小姑娘的脸配长直发，或马尾，甚至是圆形发髻都会很好看。但是如果头发自然卷的话，还是剪短发好点儿。

　　素雅和简约是优雅的基本——这件事越早知道越好。

Dinners
晚宴

收到晚宴邀请时，最好问一问宾客的数量以及场合的正式性。通常要求宾客半正式着装的晚宴，女主人会向你发一封书面邀请函，在角上标注"黑色领结"。如果是这样，那么你应该穿着晚礼服，长短不限。

不过，晚宴礼服不应该与舞会装混淆，因为后者更为精致。当然，最优雅的装束是羊毛或丝质曳地长裙，不论是低胸带袖还是无袖高领的设计。短的晚礼服更需要华贵的面料，甚至需要刺绣缝珠。

如果男士被要求穿着黑色商务套装，女士通常都会穿上低胸绉绸小黑裙。要是你觉得这套装束略嫌沉闷，那么冬日可以穿天鹅绒或者织锦的亮色晚宴套装，夏天可以穿色调柔和的蕾丝或者丝质套装，低胸的白色羊毛或绸纱紧身穿则四季皆宜。

事实上，一条设计简约、哑光面料的白色裙子是最百搭实用的。它可以在你的衣橱里常驻数年，每次把它从架上取下，你都会觉得又和老朋友见面了。白裙可以在春夏单穿，还可以用于冬日内搭。

Discretion

素雅

　　素雅是一种精心提炼的好品位，它往往是优雅的同义词。每晚8点前，你要追求的就是"素雅"。不过，素雅绝不等同于单调乏味。一件简洁的最新款黑色套装，尚可称为"素雅"；一件五年前流行的大红色外套只让会你淹没在茫茫人海中。

　　穿着素雅的女性会吸引路人目光再三流连，人们会发现她衣着的各个细节都完美和谐。至于单调乏味的女人，人们在一瞥之后就随即遗忘了。

　　素雅是穿戴艺术的顶峰。要达到这个境界，需要具有显著的天赋，或者在优雅的氛围中成长，否则就必须后天在这方面多花心思。不是付给某位著名的服装设计师一大笔钱，就可以抵达这种完美的境界。实际上，如果这样做，可能会适得其反。功成名就的设计师往往追求眼球效应，因此他们总是使用不同寻常的色彩搭配，或创造引人注目的形象。

真正的成功人士觉得没有必要特别吸引别人更多的注意。或许，这就是很多非常富有的知名女士的着装风格变得越来越保守的原因。

如果你的收入买不起大品牌的服装，那么你更应该培养自己素雅的风格。没有什么比一件做工低劣却又标新立异的衣服更恶俗了。

Dresses

礼服

　　上午时分，大多数女士都身着套装；而午后的裙装礼服已经从我们的衣橱悄然消失，取而代之的是更具青春气息、仪式感减弱的两件套，甚至是更简单的毛衫搭半身裙。

　　从下午六点开始，礼服在鸡尾酒会和晚宴再次出现。这是著名的"小黑裙"——那种略略低胸、用纯羊毛或丝绸制作、重视剪裁和线条的礼服——的光荣时刻。夜更深的时候，最好换掉黑色，代以更鲜亮的颜色以及更华贵的布料——甚至刺绣或者嵌珠面料。

　　长款的晚礼服在正式场合非常出彩。穿上的那一瞬间，你会感觉魔法般的变身为公主。最平凡的女性穿上长款的晚礼服都会显得光彩照人。夜晚，是女性一天中最有权力甚至义务唤起他人对自己关注的时间。所以，黑色的长款晚礼服虽然实用，却并非明智之选。

优雅女性的衣橱不一定非常庞大，可以由以下这些着装构成：

四季都合适的穿着：

- 一件白色羊毛礼服（适用于午餐、下午茶，以及非正式的晚间场合）。
- 一件黑色绸纱礼服（简约而别致，适用于鸡尾酒会、晚宴以及剧场）。
- 一件鲜艳的晚宴礼服，或长或短，面料华贵如羊毛或丝质。

冬季穿着：

- 一件中性色调的羊毛礼服，另搭配与其相配的冬装外套。

春季穿着:

- 一件丝质礼服，搭配春装外套。

- 一件漂亮的晚礼服，或长或短，浅色面料（如白色、柠檬黄、绿松石色、珊瑚色、天蓝色等）。

夏季穿着:

- 根据不同天气和活动准备尽可能多的礼服，最好是耐清洗的棉质或亚麻制品。

Earrings

耳饰

耳饰比其他任何首饰都更能影响一个女人的脸形和容貌。耳饰如果未经精心挑选，戴起来会显得十分粗俗。在这方面，记住以下原则将是十分明智的：

- 坠式的耳饰不太适合白天，因为过于讲究和正式了。
- 纯金的耳饰不适合夜晚或者搭配华丽衣装。
- 如果已经带了繁复的项链，耳饰可以免除。

只要你了解自身的脸形特点，据此巧妙地挑选耳饰修饰面容，那么你会更迷人。坠式的耳饰会帮助饱满的圆脸拉长脸形，也会让上梳发型的线条更柔和。大一些的耳夹也能达到类似效果。扣状的耳饰在视觉上会拉宽瘦长的脸。

无论如何，千万别出于习惯就一天到晚老戴一副耳饰。跟其他的首饰一样，耳饰也需要根据装束来搭配，才能更显别致和美感。

Expecting

怀孕

　　必须承认，怀孕的女人很难时时优雅。皮肤变差，腰围变大，身材走样。但是，几乎每个女人都会迎来这个时期，所以最好的办法是以幽默的心态接受现实，并好好利用。而且，确实有些女性通过怀孕变得更美了。

　　孕妇装专卖店让女人们通过有限的预算，就能在孕期依然优雅。此外，新式的裁剪技术也很有帮助。渐变的线条和斜向的剪裁会很好地掩饰你身材的臃肿。

　　晚间的最佳穿着是一条较收身的半身裙，搭配各种紧身上装。长围巾或披肩总是讨喜的，对于孕期的女性，它们还能在视觉上拉伸身体线条，实为显瘦法宝。

　　最好不要买太多孕妇装，努力穿厌它们，生产后恢复身材需要扔掉时，就不会有留恋了。到那时，别想着把它们改小了穿，再穿你会觉得厌恶的。

　　更不用说，还有宝宝的衣服呢——你一定满脑子都在想这些！记住，不要买太多颜色杂乱的衣服。粉色通常是女婴的基调；浅蓝色传统上是男婴的颜色，但其实初生女婴也很适合；黄色似乎是育婴室最常见的颜色。不过，买一整套以白色为主基调的婴儿用品可能是最实际的，因为你可以在此基础上搭配各色配饰，而你必然会收到很多这样的配饰礼物。

Fashion

时 尚

时尚有两类：真正的时尚和稍纵即逝的时尚。

真正的时尚是静水深流，每隔四五年才改变，来自大师的灵感和创造。稍纵即逝的时尚是无关紧要的涟漪，熬不过一季，由众多设计师发起。前者改变服装款式的线条、容量、长度；后者关注的都是些细枝末节。

长远来看，只有那些开创了服装新时代的真正时尚，才能永存。稍纵即逝的时尚是模仿者的狂欢，往往是成衣工业的选择，百货公司橱窗的陈列。因此，如果你预算有限，请抵制住新潮的诱惑，因为半年后它就会过时。比如纺织工业和皮革行业在一年前就计划了一场炫目的宣传和销售推广活

动，但你很快会觉得厌倦。苹果绿或者粉色的外套、礼服、套装、鞋包也许会流行，但只不过是一季的风潮而已。

当然，为了保持优雅，你需要了解时尚。如果最新的时尚风潮与你很搭，那最好不过。但要是当下时尚并不适合你，也不必刻意勉强。当某种你喜欢的外套或套装流行时，不妨换下裙装。

时尚似乎真的遵循自然规律。许多新款不过是被人遗忘的旧风格的复苏或改造。

多亏高街时尚的飞速发展，廉价仿制品也变得越来越别致迷人，甚至试图通过每期的"新风貌"（New Look）影响人的个性。有些幸运的女性已经形成了自我风格，那么她们就不应该再关注过于夸张的款式，而应该选择那些更为内敛的款式，它们像红酒一样越品越香，不会只是风靡一时稍纵即逝。

　　如果试图在同一套装束中硬搭好几个不同设计师的风格，这样的女性注定不会优雅。时尚装扮不是让你把自己变成一本读者文摘。否则，人们会觉得你就是在照着最新一期的 Vogue 穿衣，并且正在去往化装舞会的路上。

Figures
身材

简单来分，女性身材大体分为 I 型、O 型，以及处于这两种之间的无数种身材。

I 型身材的女性没有太多的着装难题，不过 O 型身材遇到的问题倒是不少。

当然，如果你的身形是大写的 I——比如说身高超过 180 厘米，体重不到 54 公斤——那也会遭遇很多问题。你需要避免穿超高跟的鞋子、竖条纹的衣服，但是你可以：

* 留长发。
* 着裤装。

- 穿窄身裙子。

- 穿紧身衣服。

- 穿宽大的斗篷。

- 搭配宽边衣领。

- 戴宽边的帽子。

简言之，所有最新最潮最古怪的装扮，你都可以尝试。你唯一要做的就是找到一位与你相配的男士，然后做一个最幸福的女人。

我自己就没那么幸运了，跟大多数女性一样，身材居于I型与O型之间，拥有160厘米的身高，58公斤的体重，以及不愿丈量的臀围。我的身材大约是这样的：

我知道应该避免穿上述那些让我看起来很悲伤的衣服。

虽然知道这样不是明智的选择，但是我无法抵挡这些衣服的诱惑：

- 裤装。就算你不适合穿裤子，可总不能一辈子不穿吧。不过，注意千万别穿太紧的裤子，那也就意味着你得买大一码，还要改小腰围，裁短裤长。毛衣或者长罩衫可以遮挡臀部，虽然并非丰满身形的完美装束，但它们至少是像样的。
- 宽大的外套。选择上部偏窄且朴素，下部展开的款式。

不过，我坚决与以下衣服划清界限：

- 窄身裙子（更好的选择是微喇的裙子）。
- 大领、宽肩的外套。
- 横条纹衣服。
- 宽松直筒连衣裙。
- 短裙搭披肩。

- 平底鞋配窄身裙。

- 无袖上装。

- 飘逸的雪纺裙。

- 带大块印花的衣服。

- 光亮的缎面服装。

中等身材的丰满女性最适合的风格是这样的：梯形剪裁，肩部收窄，胸部以下慢慢张开，自然地滑过腰线，完全遮掩了臀部。照此风格剪裁的衣服，需要使用更挺立、有形的面料。

不必害怕以下这些：

- 厚厚的羊毛织物。如果它们既不太软也贴身，是不会显胖的。

- 宽而浅的船形领口或者圆形领和高领，这些是很显高的。

- 多幅裙、伞裙都能很好地遮掩臀部，同理还可以选择百褶裙。

- 高腰线服饰。

而且你还可以喜欢:

- 大衣，外套式裙装和斗篷。
- 围巾，披肩和所有的垂直线条配饰。
- 大摆的长裙。

以上应该很适合我这样的身材。现在来谈谈 O 型身材的着装。必须承认，这种身材在选择服装时受到颇多限制。她们的身材就像:

她们不应该穿的太多了，不如列举她们能穿什么：

- V型领口。

- 前扣式的连身裙，单排扣的外套和套装。

- 垂褶的紧身上衣（与前扣式连身裙一样，它们能在视觉上缩小胸部）。

- 直筒裙。

- 直筒外套。

- 翻领的定制套装。

- 绉纱及其他柔软的布料。

- 最后，如果这类身材的人下身非常苗条，可以选择宽松的衬衫搭配裤子。总之，普遍准则就是在视觉上隐藏身体最臃肿的部位，增宽身体最窄瘦的部位。

如果你是上半身更瘦，就像这样：

那就简单多了。与中等身高的丰满女性（甚至孕妇）面临的问题类似，你的理想选择是梯形剪裁和高腰线的服装。

清醒地了解自己确切的身材比例十分重要。拒绝不适合自己的风格，严格地选择最适合你具体身形的装扮。如果当下的时尚完全与你不搭，那么你应该坚定地提醒自己：紧跟时尚并不一定代表优雅。

Funerals

葬礼

　　参加葬礼的女士如果穿得太引人注目，只能说明她缺乏品位和教养。即使你并非死者家属，也应该身着黑色，或者至少是你颜色最深且中性的服装，并除下首饰。这一年内，你可能非常不幸地不得不参加一场葬礼，所以你就应该在衣橱准备好相关着装。

　　最佳的装扮是，冬日选择黑色羊毛套装，夏日选择黑色亚麻套装，此外再多备一套深灰色的法兰绒套装。不管穿哪套衣服，你都应该配以黑色帽子、手套和鞋包。

Gadgets
小工具

　　我喜欢小工具——谁不喜欢呢——特别是在厨房的时候。这些巧妙的小发明可以提供很多宝贵的服务，助你保持优雅。比如衣柜配件、针线盒、梳妆盒和小型旅行包，当然别忘了用于清洗珠宝、去除斑点及熨烫护理的各种便利产品。然而，这些小玩意儿很难与一套优雅的着装相配。这意味着，一位优雅的女士绝不会屈服于所谓的"钱包打理助手"，或者塑料雨衣、雨鞋、可折叠的帽子、手袋套等新奇物件。无数未来的小工具可以为发明者带来利润，却会有损女人的优雅。1964 年便携式电话尚未诞生，到如今，总有些时刻你希望它从没出现过！

Gestures

举止

　　正如不适宜的服装会毁掉女人的优雅，不适宜的行为习惯也同样如此。哪怕身着最优雅的服装，不得体的行为举止也会破坏优雅的气质。

　　首先，坚决避免穿那些可能让你举止不得体的衣服：

- 紧身长裙。时装展的服装模特儿踉踉跄跄地走过时，观众纷纷窃笑。同理，你也应该想到：当你穿上这种裙子，在客厅小心翼翼地挪着碎步时，朋友们也会偷笑的。

- 幅围过宽的袖子。其所过之处，一切都打扫得干干净净。当然，太窄的袖子也不合适，太窄的袖子会让你难以行动，无法举起胳膊整理头发，或者摘下帽子。

- 过窄的裙子。穿这种裙子上公共汽车时，你得把裙子撩到大腿上才迈得开步子。也不要穿那些一走路就向上缩的裙子，好像裙子里有什么诡异的装置。（原则：买衣服时，一定要试穿，并试着走一走、坐一坐。）

如果希望行动时与静止时同样优雅，那么你应该把上述衣服坚决地从衣橱中清除。

不得体的动作会在一瞬间毁掉你的优雅形象。你肯定见到过有女士做出这样动作，形象尽毁：

- 思考时把一根手指头伸到嘴里。
- 挠头皮。
- 拉拽腰带。

- 抻拉胸衣的带子。

- 用化妆盒的镜子仔细地查看肤色和牙齿的状况。

- 啃咬手指甲。

- 站立或走路时内八字。

- 坐下的时候两腿张开。

- 在餐桌边梳理头发。

- 公共场合过于大声地说话。

以上细节可以毁掉你在他人心目中的可人形象。优雅的基础是迷人和风度，而迷人和风度则来自有意识的自控行为——这些都是在幼年时期培养形成的习惯。

但是，走向另一个极端也同样令人生厌：

- 为了避免弄皱自己的裙子，所以保持僵直的状态。

- 为了不坐在外套上面，因此把外套掀起来，或者每次坐下就把裙子撩起来。

- 刻意做出过分"优美"的动作，弄得自己像是巴厘岛上跳舞的土著。
- 没完没了地在镜子前自我欣赏。
- 为自己设定一个角色，故意配合相应的动作，并不断练习（尽管第一次做这些动作时也许会很迷人）。

完全不自然的动作非常惹人讨厌。最终，做作的举止和粗俗的举止都同样会让女人失去优雅。

女伴

永远不要和女性朋友一起买衣服——这是一条黄金准则。因为,可能不经意间,对方就成了你的对手,会不自觉地毁掉你最适合的衣饰。即便她是世上最忠实于你的朋友,即便她特别喜欢你,即便她唯一的心愿就是让你成为最美丽的女人,我还是要坚持我的看法:自己单独购物,只找专家寻求建议。虽然专家的服务是要收费的,但他们不会感情用事。

再者,即便你的女伴满怀善意,她与你身材样貌、生活方式、社会地位以及品位也不可能完全一样。因此,对方看待事物的方式与你大不一样,她只能根据自己的生活品位、经济预算和实际需求做出选择。不管你为自己看上了什么东西，她都会从自己的角度出发，做出一番评价，动摇你本来就不坚定的自信。这样一来，你自己也不再确定是否喜欢刚刚看上的那套衣服了，犹豫再三，最后决定不买——但其实，你可能真的需要它！

从我个人的经验来看，两个一起购物的女人几乎很难做下真正合意的买卖。所以我总是尽量安排她们换个时间再单独来。

我尤其害怕以下三类女伴：

1. 永远想和你拥有同样衣饰的女伴。她会和你喜欢上同一件衣服，而且据称"是第一眼就看上的"——和你一样。然后她会抢先说："亲爱的，你不会介意的吧。我们一起出去的时候也不多，而且我们总会事先电话联系，所以一定不会有撞衫的情况的。还有……"你心里十分恼火，但是不便怒形于色，只好第二天自己去把衣服退掉。

或者，角色互换，同样的演员上演第二幕：你的女伴表面上不甚在意（其实内心并不乐意），还要说些场面话："还是你买吧，亲爱的。你穿着比我穿着好看……"或者"你出去的时候比我多……"（长叹一声）

这时，导购小姐最好悄悄地离开，因为这两位女士什么衣服都不会买。除非你在和女伴的关系中更占上风，并不太顾忌彼此的友谊，而且你认为自己穿这件的确更好看，那么当然也可以买下它。在这之后，你那位闷闷不乐的女伴会带着失望和低落去另一家商店寻找一模一样的那一件。但是，无论最后买了什么，她都不会真正满意，因为她一心想要的只是你已经买下的那件。

2. 经济预算比你紧张的女伴。她可能买不起和你一样的衣服（其实她很想买和你一样的）。也许你以为她陪你购物是一件乐事。但我认为这是心理上的残忍。有些女性习惯于让她最好的朋友处于低她一等的地位，而我总是觉得这样很难堪。再者，这种女伴于你无用，因为她总是赞同你的任何选择。即使这些东西不太适合你，对方也会选择赞同——甚至赞同得更强烈。

3. 最后一种是擅长打扮的女伴，你希望从对方身上获得建议。她可能会乐于被你当作时尚专家，于是不遗余力地帮助你。她也可能会——事实上她几乎肯定会——对你毫无帮助：这个习惯被宠着的、自信的女伴会获得导购小姐所有的注意力。最后，导购们都帮助你的女伴挑选最好看的衣服，而不是帮助你——你被忽略了。有些衣服也许也引起过你的兴趣，而你本来就犹豫不决，现在完全没心思买了。

最终结论是：独自去购物。至于你最好的女伴，隔天打电话和她约会就行了。

Glasses

眼镜

其实很少有眼镜真正能起到修饰脸形的作用。如果你不得不戴眼镜，那么就选择最素雅、最具品位的款式。

根据不同的脸形，可以选择的眼镜有略微矩形、圆形、椭圆形。判断哪种款式合适的唯一方法，就是试戴，然后在镜子中仔细观察正脸和侧脸。可以选择玳瑁纹或者金属的框架。但不要选择小丑式的眼镜，那会给人一种神经兮兮的感觉；除非它上翘的线条不是特别明显，而且尺寸跟你脸的大小比例合理。坚决摈弃所有装饰，特别是水钻、蝴蝶状镂刻或者其他花哨玩意儿。因为即便使用真正的钻石制作，这些仍然看起来很廉价。

将脸藏在超大墨镜之后，假装自己是低调出游的著名影星——这并不吸引人。唯一可以接受这种太阳眼镜的场合，就是阳光确实很强烈或者你有一双大哭过或者熬过夜的红肿双眼，再或者你的眼睛实在小到不遮掩就不能见人。与藏在门后的人交谈并不愉快；同理，与藏在墨镜后的人沟通也感觉不佳。

Gloves

手套

　　手套是最不引人注意的配饰之一。与皮制的包和鞋子一样，中性色调手套也是最好看的。而且最优雅的手套应该是以光滑的小山羊皮制作的，只要内衬是丝质的，在极端寒冷的天气下，你也可以戴上它们。软羔皮和羚羊皮是我的第二选择，即使它们更脆弱更容易用坏，需要常常更换。最后的选择是尼龙，这是最实用的，甚至也可以说是别致的选择，只要它制作精良、材质较厚并且不反光。

手套一定要选择尺寸贴合，长短适宜的。皮制手套不同大小的尺寸间隔是四分之一个尺码，而纺织面料手套则按二分之一分码。你应该严格挑选适合自己手形大小的手套。

　　手套还应该减少修饰。超长的黑色手套搭配晚礼服是最优雅的。

　　手套的使用礼仪不如很多女性想象得那么复杂。在一般情况下，女性应该在大街上戴着手套，进入室内就应该除下它们，当然剧场、正式招待会或者舞会例外。无论什么场合，用餐时记得取下手套，就算只不过在吃一道鸡尾酒会的餐前菜。但女士绝不用因为握手脱下手套（除非是非常脏的园艺或骑行手套）。

　　总的来说，手套算是一种相对昂贵的配饰，需要经典的风格、优良的品质以及完美无瑕的新鲜感。它们可以为女性的整体装扮增加很多别致的味道。但是如果选择失误——比如说使用针织花边或透明尼龙质地，手套也可以完全毁了你的形象。

Grooming

修饰

　　梳妆糟糕的人不可能着装优雅。糟糕的修饰常常在细节中体现，比如散乱的发丝、脏兮兮的手套、抽丝的长袜、破旧的鞋跟、领子上的头皮屑或者汗渍。优雅的基石可以简化为一块肥皂。尽管清洁身体、装扮整齐不一定意味着优雅（如果这样做就算优雅，那么世上最优雅的女人非护士莫属），但不注意修饰自己的女人注定不会优雅。

　　特定场合下（比如度假），有意为之的不修边幅是极其别致的表现。但是这种微妙的度不是每个女人都能拿捏得当的，看起来神采奕奕总比看起来像刚从床上爬起来好。

　　每个女人触手可及处都应该有一面全身镜及一面带有放

大功能的手镜。出门前她需要确认以下细节：

- 双手和指甲没有瑕疵。剥落甲油的指甲是最不像样的（不过也是最容易补救的）。
- 头发整洁。
- 妆容干净，自然无痕。（粉底应该均匀地从脸抹到颈，别让脖子有色差，脸会看起来像戴了面具。）
- 鞋子干净，没有损坏。
- 长筒袜线缝保持直线。（如果你做不到，最好选择无缝的长袜。如果袜子总在膝盖或脚踝处起皱，那建议你改用弹力尼龙袜。）
- 如有必要，熨一熨裙子，熨平那些坐下产生的褶皱以及后部垂下的部分。
- 衣摆或裙子的边缘都是平整的。
- 内衣的肩带没有露出来。
- 外套干净无瑕。（有些瑕疵在灯光下看不出来，但是在明亮的日光下，就非常显眼。）

- 请勿忽略每天处理体味问题，少许的古龙水或淡香水就会收到很好的效果。最后以喷洒同样味道的香水作为收尾。

别被这长长的清单吓到，因为所有这些细节不过是瞟一眼就能搞定的事。每天花几秒钟确认自己的仪容是对培养自信的小小投资。

长期习惯性地不讲究，甚至到了"放任自流"地步的女性，要么是个性问题，要么是生理或心理过于疲乏。如果是前者，那几乎无法改善。如果是后者，那么只需要改进每日事项的安排，或者是通过心理上的鼓励让她打起精神来，花时间去做头发或者指甲。

发型师是低潮期女性的一剂良药。妆容糟糕的女性往往也沮丧低落。换个新发型的确很治愈，会让女性振作起来。

Hair
发型

希望你没在指望我会给你什么柠檬兑橄榄油的去除头皮屑洗发水配方，这应该由皮肤专家给你建议。

但是，时尚与优雅绝非止步于发际线。其实你很难想象到一位优雅女士会头发凌乱或者发型不合适。

在全世界最会穿衣服的女人中，大多数时尚美人是从不太夸张的发型开始尝试的，然后经年累月稍有微调。温莎公爵夫人或者摩纳哥王妃格蕾丝从来没有大肆改造过自己的发型，而且正因如此，她们似乎从来不会老去，甚至他们旧照片里的造型也并不过时。当然，如果遵循同样的原则，你或许会失去每一季度换个新发型的乐趣，但你也会发现优雅的基本规则之一，就是发现自己最好的风格，并始终如一。

　　年纪轻的女性喜欢梳小辫子，留长直发及蓬松的刘海。但 40 岁之后的女性就应该采用更简单的发型，短发或者盘成发髻，绝不要留垂到肩膀的长发。

　　不要把头发漂染、挑染、烫染成炫目的人造颜色。上天给我们的肤色和眼睛的颜色，通常与头发的天然颜色是和谐搭配的，不要贸然改变发色。另外，炭黑色的头发会让脸看起来有些僵硬，红色又太富于攻击性，不自然的金色看起来很俗气。说到底，不要嫌自己原本的灰色头发不好，一般来讲它其实还是很合宜的。

　　如果晚上有重要的社交活动，你自然会约发型师做头发。但是别让他给你做特别夸张的造型。如平时一样简单就很好。

Handbags
手袋

　　拎着一只优雅的手袋会让身着普通套装的你与众不同。反之，一个破旧廉价的手袋也可以让你的华服黯然失色。手袋这种配饰的重要性不言而喻，值得你精心挑选，也值得在你的服装预算中分出相当的一块。

　　通常来说，手袋的尺寸应该与持包人的身材比例协调。小个子女人拖着过大的包包或者高大的妇人抓着迷你手袋，都会让人忍俊不禁。

　　另外，手袋越大就越不精致，超大的手袋只适合旅行或海滩。举一个极端的例子：最优雅的晚宴手包肯定是一个精巧的化妆包或梳妆盒——一只手就能握住。

一只手袋的精致取决于它的品质，而其品质——哦，往往由它的价格决定！不过，一个制作精良、品质上乘的手袋顶得上三四个便宜货，所以还是买好的手袋更划算。

只要精心协调，一个优雅的女人最少只需要四个手袋就可以搭配得体了：

1. 一只尺寸较大的提包，用于旅行和休闲穿戴时。

2. 一只午后使用的袋子，用于搭配都市套装以及稍正式的衣服。最实用的选择无疑是一只中等大小、黑色精制牛皮做的手包，加上一枚漂亮的扣环。小山羊皮的手袋容易磨损，而漆皮手袋永远不够优雅。两色或多色的手袋与单色的衣服更搭。不过如果预算有限，实用的选择最好是纯黑色、纯米色或纯褐色的手袋。

3. 一个绸的、缎的或天鹅绒的晚宴手包。理想的状态是多准备几个不同颜色的小手袋，用来配你的每一件晚装。

如果预算充裕，晚间小手袋还有很多种样式可选择，它们的功能更像是手饰，而不是包袋。不过如果没有极好的品位，就很容易在这方面陷入误区。比如，饰以珠子的手袋，需要小心地选择其颜色，因为只有纯色才显得别致，尤其是浓墨重彩的色调，比如蓝黑色、深灰色、墨黑色以及金黄色。黑色晚礼服的最佳搭配是带有金制首饰扣环的黑色手袋，不过这要求扣环的品质非常好——换句话说，它必须是由真正的首饰匠制作的。

4. 一只夏天用的米色草编手袋。如果在乡村度假消暑，可以选用粗编的手袋，如果在城市里，则可以用更好的质地——比如用巴拿马草编织的。无论如何，草编手袋是夏季搭配棉布和亚麻衣服最不可或缺的配饰。

虽然不如服装潮流的变化频繁，手袋的流行也是随着时间改变的。经典的设计——如爱马仕的马鞍包——可以引领潮流十年之久，而怪异的设计则很快就被时代淘汰。同服装设计师一样，皮制包包的设计师也充满创意，所以我们很难对未来流行趋势做出预测。但是无论商店里卖什么样的手袋，明智的女性永远会挑选那些样式经典、细节保守的，而会拒绝那些形状夸张、装饰新潮的包袋。

　　最后要提醒的是，仅仅拥有了一系列漂亮手袋是不够的，优雅的女人还应该知道根据场合和服装来搭配合适的手袋。穿着正式的女人拎着运动包是会令人惊愕的。而一只考究的手袋也会让朴素的深色衣裙或套装看起来更为正式。

Handicaps

缺 陷

很多女性受到不同的生理条件的困扰，比如：

身高过高

在这个时代，只有极其高的人才会被认为有些过头，正常人群中较高的女性是很时髦的。而且，全世界年青一代的身高越来越高。如果看了《身材》篇，你应该会得到很多安慰。试着培养自己的运动才能，发现自己"户外"的那一面，做一个活泼开朗的人。所有人都会爱你的简单。

身高过矮

你应该意识到很多男性喜欢洋娃娃般的女性，你得让自己有一种从巢中跌落的小鸟的气质。要表现得纤弱，注重仪表细节，单纯又带点小糊涂，心地善良又柔弱无助。年纪大了之后，做一位时时搂着自己注意保暖的可爱的老太太。男人会想保护你一辈子，各种烦人的琐事都会帮你代劳。

天生有一头火红的头发和雀斑

这种颜色是特别有吸引力的，所以它其实更应该是一种优势而非缺陷。唯一的问题是，你需要避免穿某种色调的红色和粉红色，以及避免日光浴。当然，如果你只是单纯讨厌这个发色，你可以随时染成另一种颜色。

胸部过大

胸部过大的女性很难买到合适的现代服装。如果你受不了自己单穿毛衣，那就在毛衣上搭一件不系扣的马甲，它会在视觉上削减胸部的宽度——长围巾和披肩也是同理。如果上围的突出已经成为你的噩梦，那就攒钱做缩胸手术吧。照我看来，如果非得在隆鼻和缩胸里选一个，我一定会选后者。

如果你有一个双胞胎姐妹，只要你能买自己的衣服，千万不要跟她选一样的！

最后要说的是，许多女性因为过分在意而在心理上夸大了所谓的缺陷，形成了心结。如果听到一个女人抱怨穿礼服时臀不够翘，我太想跟她换换了，这样她就能很快发现我这种臀部的问题更多！

就算你遇到很多先天的生理困扰，也不用抱怨。而应该努力地充分利用自己的优点，修饰缺点。

懂幽默，又乐观，也是优雅的一种。

Hems

签边

虽然衣角和裙摆会随着穿着者或设计师的心情有长有短，不过也有一些固定的基本原则：

- 直筒裙，应该比蓬裙长 2.5 厘米。
- 后部的裙摆应该比前部长 1 厘米。
- 长大衣应该比所有的裙装长 1 厘米到 2.5 厘米；衬裙应该比裙子短 4 厘米到 5 厘米。
- 鞋跟高度会影响衣服下摆长度的选择，搭平底鞋穿的裙子应该比你穿高跟鞋时搭配的裙子稍短。

一件衣服的签边方式比它的标价更能说明品质。有时候，你应该拆掉一件现成礼服的机器锁边，然后再重新妥当地缝上。

签边的标准深度为 5 厘米，从外部应该是完全看不见线圈的。在可能的情况下，线圈会被隐藏在厚厚的面料里。如果材料极为精美，那应该会带有内衬，只需对内衬做签边即可。如果面料透明，则不用签边，而用手工压平边缘，如对手帕的处理就是如此。薄纱也不需签边，只用裁剪至合适的长度即可。

很容易松散的衣料，如粗花呢、线衫、针织等，在签边之前应该将整个边先锁一下。粗糙面料的切边应该用一条窄丝带包住缝上，签边时缝线穿过带子。

高级时装的秘密之一是在签边内侧粗缝一条斜纹法兰绒，衣服的下缘会变得有弧度，如此一来，就算是送洗后也不会有明显压痕。

Husbands (And Beaux)

丈夫（及男友）

丈夫或男友通常可分为三种：

1. 眼盲型。他会对着你穿了两年的衣服说："今天这身是新买的吧，亲爱的？"他的看法完全没有任何意义，所以让他耳根清净着吧。至少，他有一大优点：随你怎么穿都行。

2. 理想型。他会注意你的每一个细节，真正对你的衣服感兴趣，认真提出建议，了解和欣赏时尚，喜欢聊时尚，知道什么最适合你，知道你需要什么，而你是他最爱的女人。如果你有幸拥有了这样一位理想型丈夫或男友，好好珍惜他吧。他是珍稀动物。

3. 独裁型。他懂得比你多，知道怎么鉴别当下流行的优劣，清楚哪家商店或裁缝铺比较适合你。这种男性对于时尚的看法有时很潮流，但通常他的品位形成来自二十年前其母亲的穿着风格。

我不是心理学家，但我认为这种状况可能会引发你的不自信和不满，这种心结是灾难性的。

毕竟，改善外貌这件事大体上还是女性的重点活动，一旦男性侵入并统治了这个领域，可能会打击妻子们的积极性。

然而，事实上陪伴自己的妻子挑衣服的丈夫比你想象得要多。他们通常知道自己喜欢什么，品位相当保守，对自己的想法非常明确，尤其是在颜色方面。但他们更容易被售货员说服，最后总是比女性花费更多。

我常常想，他们牺牲了自己宝贵的时间，到底是为了避免花冤枉钱，还是真心关心妻子的优雅仪表。但是丈夫们这种兴趣勃勃、不辞辛劳的样子，妻子们看了似乎都很受用。但要是换了我自己，如果丈夫质疑我的品位，我会非常反感。

Ideal Wardrobe

理想衣橱

对于优雅的女人来说：

冬季

上午9时。秋日感褐色粗花呢裙，色调
和谐的毛衣（鲜有人在这方面能胜过英国人），
外加剪裁考究的大衣，再搭配褐色系中跟鞋，
同色鳄鱼宽包。真正优雅的女人从来不在上
午穿黑色。

下午1时。纯色的羊毛西装（不要选褐色或黑色）。夹
克下穿着色调和谐的毛衣、针织上衣或无袖连衣裙。套装

的话搭配合适的披肩或羊绒围巾，是非常实用且暖意浓浓的着装。

下午3时。颜色明快的漂亮外套（如果你在高档商店或名设计师处只买得起一件真正的好衣服，那么选择一件颜色明亮、质量上乘的羊毛大衣。好在，大减价时它也是最容易买到的衣服），搭配一件颜色合适或者成对比色的羊毛礼服。

下午6时。黑色羊毛礼服，不要太低胸。这是高级时装和城市居民服装登场的时刻。它几乎可以出席任何场合，从剧场到小酒馆，途中还可以停下来去参加你社交日程上所有的非正式晚宴。

晚上7时。黑色绉绸礼服，低领露肩，适合较正式的晚宴和更优雅的餐厅。

晚上8时。匹配的外套和礼服，在巴黎被称为"鸡尾酒会套装"。但在现实中，这种衣服对于酒会往往过于考究，不过正好适合戏剧开幕或者非常优雅的半正式晚宴。如果套装的质地是丝、天鹅绒或彩色的织锦，你应该再备一条能搭配相同外套的礼服，要稍稍考究些，方便家中待客时穿。

晚上 10 时。长款的晚礼服四季都可以穿（这意味着你应该避免选择天鹅绒质地，也不要选择黑色）。而且，如果你真的是个购衣狂，并且准备为此做出必要的牺牲……

长款的晚礼服大衣是衣柜里最豪华、奇怪的服装。如果你在大减价中拿下它，那会是个十分明智的选择。

春季

上午 9 时。量身定做的香奈儿式粗花呢装，色调要柔和。搭配衬衫上衣。

下午 1 时。光滑、轻盈的纯色羊毛西装，比上午那一件稍考究一些。

天热时备一件亚麻质地的套装。

（这三套可以年复一年地穿，只需要大约每三年更新一次）。

秋天改穿一件轻量级的羊毛大衣同样很迷人。因此，春天流行藏蓝色的时候，你要抵制住诱惑。就个人而言，我更喜欢灰色法兰绒，红色，绿色，白色和米色，这些颜色几乎一年四季都可以穿。再加一条相配的裙子。

下午 6 时。一条藏蓝或黑色的丝质礼服，再或者两件式套装。搭配宽边草帽就可以参加鸡尾酒会。这套装束可以选印花丝绸质地的，但是很难找到特别好看的印花。无论如何选择，这套衣服在户外用餐时都是完全适合的。

晚上 8 时。出席戏剧首演宴会或者是半正式晚宴穿的服装跟冬季的选择很类似，甚至可以就穿同一套。比如嵌珠的礼服常年都可以穿，一条黑色缎绉的嵌珠礼服在春天搭配白色外套也会显得很别致。

城市夏日

选择轻便凉快的连身裙。上午可以穿棉布或亚麻质地，下午和晚上穿丝质。最好都是无袖的，剪裁简洁，颜色优雅。这些衣裙都是成衣工业的杰出成就。

Jewellery

首饰

　　在一个女人的全套装扮里，首饰的特别之处在于它唯一的目的就是优雅。珠宝的优雅体现是高度个人化的，因此，我不能断论只有哪种特定的珠宝首饰才能让你显得与众不同。不过，有一件事是肯定的：一个优雅的女人，即使她如我一般大爱珠宝，也不应该让自己堕落为挂满物件的圣诞树。

　　白天，每只手顶多戴一枚戒指（只能戴在无名指或小指上。有了结婚戒指或订婚戒指的话，那只手就不要再戴其他戒指了），腕表，珠子手链；如果礼服够简单，可以再用一枚胸针。你总能在外套或西装的领子或者肩上加一枚别针。不过项链最好戴在里面，不要放在夹克外面，只应从领口处见。

如果你已经戴了胸针、戒指、手表、项链，那最好别戴耳环——除非是非常简单的耳夹，而非耳坠。此外，佩戴吊坠耳环时，应该避免戴项链，这样的组合会让人关注你脸的下部，它在视觉上似乎加宽、缩短了你的脸形。出于同样的原因，如果已经佩戴了项链和耳饰，那么别针的位置最好尽可能远离脸部。

镶嵌了小玩意儿或半宝石的厚重金手镯可以是有趣而别致的，前提是你要除下所有其他的首饰。

到了晚上，如果你穿着考究，应该整夜都不戴腕表，除非它隐藏在一只钻石手镯里——这已不再是什么时兴的设计了。更不用说，长长的晚装手套之上不要再戴戒指或手镯了。即使有一些著名的皇后和公主经常打破这个规则，那也只是证明了王室风范并不总是等同于优雅。

一般说来，纯黄金首饰在晚上不是特别优雅；另外，永远不应该同时佩戴黄金制品和镶嵌宝石的铂金。有些很美的首饰是将珍贵的宝石镶在金子里——比如，绿松石、蓝宝石、黄金的组合，或者黄金镶珍珠与钻石和祖母绿搭配——但这些不能与镶嵌珠宝的铂金同时佩戴。

一件非常正式的晚礼服，如果既没有刺绣也不带串珠，那么还可以搭配胸针、项链、耳环、戒指、手镯，甚至头饰。

如果花了相当长的时间才收全整套首饰，那你或许需要重新考量最初的那批。因为大多数首饰过了 20 年就不再时尚了——不过单粒的戒指和珍珠制品除外。另一方面，如果你有幸继承了曾祖母的全套首饰，那可是相当别致又有价值的。大可以直接佩戴，尽显优雅。

以前，某些宝石（如紫水晶、红玉髓、黄玉、浮雕玉石、橄榄石等）比现在更常用，也许这就是它们镶在有古典味道的首饰中显得尤为别致的原因吧。不过，锆石首饰不在此列。这些闪闪发光的石头在维多利亚时期常作为钻石的替代品使用，被归类为"仿制品"。基于这个原因，它们并不真正属于优雅的珠宝。

旅行时的首饰佩戴往往是一个令人困惑的问题。旅行中炫耀首饰是不谨慎也不低调的做法。另外，女性手袋底部的天鹅绒首饰盒，是每个窃贼的理想下手处，也是每个保险公司的噩梦。在旅途中，建议尽可能少地带首饰，余下的首饰都放在银行保险箱。如果旅行的目的是在乡村度假一周，那就更没什么好担心的，这时不戴珠宝就是最好的品位。

宝石美丽与否并不一定由其价格和大小决定，但是单粒宝石饰物或者一串珍珠通常还是越贵越美。把简单的珠宝匠心独运地设计成精致的首饰，远比炫耀似的堆砌一簇巨大的钻石串要优雅得多。

某些宝石的组合非常时尚，我觉得最别致的是白色搭黄色的钻石，蓝宝石配祖母绿，绿松石衬所有钻石。如果想要不太正式的风格，可以考虑珊瑚——它有一个很棒的特点，能和其他很多珍贵宝石优雅地组合在一起，如珍珠、白玉、绿松石，甚至钻石。

就算可能得多付两成的价钱，但还是建议你去买那些最好的珠宝品牌。必须承认，打开一个来自卡地亚、梵克雅宝或蒂凡尼的天鹅绒首饰盒，你得到的欣喜感会比打开一个高街珠宝店的礼品盒多不只两成。而且如果是从这些好品牌中挑选，忙碌而糊涂的丈夫们也更有可能做出有品位的选择。

订婚戒指往往是一个女人拥有的唯一一个真正的珠宝。因此恕我直言，它尺寸不能太小——至少不少于三克拉吧——铂金戒指中嵌一小颗钻虽然动人，却也稍显寒酸。比方说，选择一只尺寸尚可、设计美丽、镶嵌碎钻和蓝宝石的订婚戒指就既漂亮，也不会让婚姻初期的丈夫破费太多。另一种做法是完全不理会订婚钻戒的传统，而把积蓄都投入镶着方形大钻石的结婚首饰中。骄傲又快乐的新娘也能通过购买首饰大大满足自己对宝石的渴望。

人造珠宝。第一条原则，一条使用培育珍珠或仿珍珠的项链无论多么精美，也只不过是"仿

货"。企图用仿制珠宝以假乱真，是最没有吸引力的行为。与尼龙大衣伪装成貂皮大氅是同一个级别的冒犯优雅的罪行。

不过人造珠宝本身往往都挺迷人又别致，它会为一套装扮添加些许优雅的味道。设计师每一季都会推出一系列新的首饰，有些富太太真心爱买这些假宝石。项链（特别是夏日佩戴的亮色或者全白串珠的那种）、耳饰、胸针，使用人造宝石的效果尤佳；手镯效果次之；戒指则完全失去味道。

这类珠宝当然也应该精心挑选，佩戴的基本准则是一身装扮顶多只出现一件人造珠宝。这些首饰的一大特点是方便临时性需求：你可以为了配某件衣服而特别选购一件人造珠宝；旅行时带上它们也不必提心吊胆，它们甚至会让你增添新的魅力和异国情调。不过，与它们最搭的是女性气质明显或比较成熟的女士，而大大咧咧、活泼运动型的女士则很难驾驭它们。

只有一种首饰是适合所有人的：它无比百搭，几乎适合所有场合，它是每个女人都不可或缺的——珍珠项链！女人一生都应该为它高呼万岁！

Jobs
职业

职业女性比家庭妇女遇到的着装问题更多。从早到晚，她都需要展现清新、干净、整洁的形象。

如果是在办公室工作，女性的理想着装是一条羊毛裙子，冬日可以配一件好质量的羊毛衫，夏日可以搭一件衬衫。不过，过于凸出的胸衣会轻易毁掉这身简洁迷人的衣服。

新闻业或者时尚界的女性认为，努力修饰自身外形是一件天经地义的事。但是我想提醒大家的是，时装发布会上那些着装得体

的女性又有几位呢。然而，就是这样的女性在为媒体撰稿，她们的褒贬直接决定设计师的名誉——我对此深感疑惑。

职业女性的理想服装是一件羊毛套装或外套，再加一条相配的裙子，以及色调和谐的毛衣或女式衬衫。如果你不喜欢毛衣（不过谁会不喜欢呢），那么两件套是比连身裙更好的选择，因为后者在办公室看来稍显考究了，而且还需要设计精致、尺寸合身，穿着它的女性行动也受到更多限制。

总的来说，职业女性应该避免：多褶的装饰，印花的材料，过于鲜亮的颜色，松垮的羊毛制衣，过于轻薄的易皱面料，太短或者太蓬或者太紧身的裙子。简言之，所有看起来低俗或极端的衣物细节都应该避之不及。

工作场合的着装风格更应该节制和低调。

Knees

膝盖

　　对于膝盖，那句法国谚语说得好：Pour vivre heureux，vivons cachés（把它们藏起来就万事大吉）！

Leather

皮革

　　皮革类服装的一大特点就是实用，非常适合随性的生活，但是在城市穿着却并不优雅。

　　如果你真的是皮革控，那可以入手一件及臀的小山羊皮夹克或者一件亮皮外套——后者既可兼作雨衣，还可以用于周末出行，不论是坐敞篷车还是乡村远足都很适宜。别买皮裙皮裤，因为不管你的臀部有多瘦，用不了多久这些下装的髋部一定会膨大松垂。

Lingerie
内衣

　　20世纪以来，时尚女性衣橱中的内衣数量已经大幅减少。起初，女人需要胸衣、无袖衬衣、紧身胸衣、内裤、吊带长衬裙；而今，她们只用穿胸衣和内裤即可。

　　女性的年纪和社会地位不会对内衣的需求有很大影响。实际上，通常置装最优雅、最舍得花费的女性穿着的内衣最少，因为她们的裙子大多是丝质内衬，衣服多自带胸垫。不过，在任何价格区间都可以买到迷人的内衣套装，有鲜亮颜色的，也有色调柔和的，还有带印花的那种，这些漂亮的内衣让女人们宽衣后更有魅力。

　　不过，常常有女性忽视这个重要的魅力加分项。当然，我不建议你太极端选择脱衣舞娘那样的性感内衣，但是在内衣上花的心思不应该少于其他衣服。我曾向一位朋友表达担忧，因为我青春期的女儿对漂亮的内衣毫无兴趣，朋友说如果她开始感兴趣你才该担心吧！

近年，紧身内衣已经有了长足发展。材料的选择也更丰富，不再只是线条挺立的鲸骨和紧绕腰部的橡胶，神奇的新材料——比如莱卡和尼龙——同样可以让你曲线曼妙，穿着感觉却更舒适。

即使一位女士的内衣减少至两件，它们也应该是配套的。最大的疏忽是白色胸罩搭配黑色内裤。亮色的内衣固然迷人，但是与之相配的外衣只能选择深色或者完全不透明的。夏日的最佳选择当然还是白色内衣。

Luggage

行李

　　行李都是得力的仆人，但它们口风不紧，因为它们可能比你的装束更能说明你的社会地位。根据打包的方式，它们还会泄露你的性格和习惯。比如，我对将鞋子随意扔在睡袍上的女人不会评价太高。

　　优雅的行李各种各样。忙碌的工作人员在短期商务旅行时会带一只塞满文件、牙刷、剃须刀的公文包；著名电影明星身着貂皮，怀抱鳄鱼皮珠宝盒，还有一队搬运工为她扛着一整套全系列白色皮制旅行包。不过，除了电影明星，通常很少有人会一次性买整套成系列的旅行包。况且，整套全新的包包让人看起来也太暴发户了，不过蜜月旅行中的新婚夫妇除外。更明智也更省事的做法，是根据自己的需要一次购入一两件。即便设计不尽相同，至少可以选择同色系的包袋，比如米色和棕褐，或者全黑色。带图纹的包袋要么都是同色系同风格，要么跟同样皮质的纯色旅行包搭配。

女士化妆包如今已经大大简化，体积和重量显著减少。当今最优雅的要数那些矩形或类矩形的盒子，可以放入各种瓶瓶罐罐。我个人并不觉得有此必要，一只较大的防水塑料布化妆包就可以装入我各种小瓶的乳液和面霜。

如今，带着一大堆各种化妆品出行并无必要，除非你要去的是个买不到伊丽莎白·雅顿的蛮荒之地。根据旅程时间的长短，带上必要的护理用品即可。

手提箱打包的顺序如下：首先在底部放置重物，如鞋子、洗漱用品、手包；然后平整地放置不易皱的衣物，如内衣、针织衫、裤子；再铺上你的裙子、夹克、礼服、衬衫。可以用透明塑料盒子和袋子区隔物品，以防弄脏或受潮。

总的来说，旅行衣物还是宁愿带多，也不要带少，就算你丈夫只想轻装上阵也是如此。忘在家里的那条连衣裙往往就是你最需要的那条！不过，旅行着装很重要的一点就是巧妙搭配，千万别带上那条不好搭的新针织衫或新裙子。另外，更聪明的做法是带上不同的上装来搭配同一条裙子或裤装。乘飞机出行时，考虑到行李的额度和惊人的超重费用，你应该有这样的能力：将为数不多的衣物进行不同的组合搭配，让人错觉你似乎带了很多套衣服。

Luncheons

午餐

午餐时间的最佳装束是套装，根据季节选择羊毛、亚光丝或者亚麻质地，总体上稍显随意也比过于隆重好。出于同样的原因，最好不要戴太多首饰，不过珍珠或者串珠制品、较大的饰针和戒指都是可以接受的。可以带着大手包，这是展示你最爱的鳄鱼皮包的最佳时刻！中跟的鞋子好过高跟，因为你下午可能还得奔来跑去，不必给人盛装打扮的印象。

不过，午餐时间毕竟只是工作日的中场休息，赋闲在家的女性越来越少。因此，就算是在昂贵优雅的高级餐厅，午餐着装还是简洁为要。

Luxury

奢侈

　　奢侈这个词让人想到愉快的享乐和舒适的体验，即使如今它的含义已经有所弱化。现在，就算是鸡尾酒会上的香肠，或是碗碟洗涤剂，都可能被不加区别地贴上"奢侈"的标签。

　　这个词可以被理解为铺张、昂贵、精致、浪费——无论哪种含义，它都能满足我们的耳朵和想象力。人们对它的感觉是完全主观的。正如各人对幸福的理解不尽相同，人们对奢侈的看法也各不一样。流浪汉心里的奢侈是在地铁避寒取暖，艺术品收藏家眼中的奢侈是将众人垂涎的毕加索真迹收入囊中。或许，本质上来说奢侈源于一个群体与另一个群体最低生活标准的比较。对大多数女性而言，奢侈是人无我有。

我们很容易习惯自己界定的奢侈，但是却难以忍受失去奢侈。那些欣欣向荣的产业往往利用人们对奢侈品的渴望，仔细地培养人们对奢侈品的习惯，通过广告说服大把的人们，让他们相信自己是买得起奢侈品的。迪奥就找到了一个获利颇丰的方式，它为口红打出的广告语是："至少让你的唇上涂着迪奥"。

对于优雅的女人而言，越是生活奢侈，越显低调素雅。经历了越来越多的限量奢侈品之后，你最终会达到这样的境界：除了自己，没有人看出你的奢侈。

Make-Up
化妆

化妆即是为脸着装。都市女性是不会衣冠不整、粉黛未施地出门见人的。与衣服一样，化妆品也受到潮流的影响。化妆品品牌同服装设计师一样，每年推出两轮新款粉底、口红、眼影和甲油。

非常年轻的女性喜欢淡化唇色和肤色，但同时突出眼睛的部分。数年前，口红之于女性正如剃须刀之于男性一样重要。但如今的年轻女孩懒得去买口红，不过人人倒是都有一支黑色眉笔和一套眼部化妆品。

但是，白天擦亮蓝或鲜绿的眼影仍然不被认为是什么好品位，金色或银色则更糟糕！

画眉的重点是显得自然，稍作修饰并不过头。如果本来眉毛颜色过浅，可以用眉笔加深。

绝大多数女人离不开口红。她们备有好几个不同颜色的口红，以便根据衣服的颜色选择合适的色调。略带淡紫的浅粉色口红与蓝色和紫色的衣服很搭；橙红是当下的流行色，与米色和黄色的衣服搭配最相宜；红色衣服最应该搭配同色口红。

深暗色系以及过于人工的颜色（比如紫罗兰色）的口红已经过时了。忽视天然的嘴唇轮廓，用唇膏刷重新画一个全

新的唇线，也不是什么别致的做法。顺便说一句，口红应该只在梳妆台前使用。

所幸，超长的猩红色指甲已经被优雅女士摒弃，取而代之的是椭圆修边、涂上透明甲油的短指甲。不过，除非你的手十分完美，不然还是可以让指甲留得稍长一些，再涂上淡红的甲油，以显得手形更修长。

夏日户外，有着健康的小麦色皮肤的女性完全不需要亮色口红以外的化妆品。眼妆应该只有在夜里才化。艳阳下或海水中，假睫毛、睫毛膏、蓝色眼影都不太适合。

Matchmaking

搭配

　　巧妙搭配是实现优雅的关键。因此，时装设计师们为女人提供了各种配套的配饰，甚至完整搭配好的全套衣物。他们的良苦用心固然值得赞赏，而且还为城市提供了美丽的风景线。不过，优雅的最佳原则总是"恰到好处"。

　　博柏利的经典格子设计在套装、贝雷帽、手套、围巾、毛衣、鞋子、手袋甚至眼镜框都有体现，如果你正好爱他家的设计，也别太忘乎所以买个不停。只消买一件合适的配饰就可以增添优雅味道。

　　纯色衣服总是比图案面料好很多。不过，即便如此，要是点缀些许其他颜色或者同色系的其他色调，全藏蓝或米白的衣服也会不再单调，更显别致。这是打安全牌的做法。

　　除了建议搭配时有所节制，我还想举例说明优雅搭配要注意的对象：

- 雨衣、雨帽和雨伞。
- 晨袍和卧室拖鞋。
- 行李，至少是大件行李。
- 套装衬衫和夹克内衬。
- 正式的裙装外套和裙子。

　　在这方面，并无铁律说明优雅搭配的程度。根据自己的好品味和客观的视角就能做出最好的判断。此外，过度搭配也真不是什么严重的问题。现成配套的衣服和配饰就能解决很多时尚问题，穿搭效果也不错。但如此一来，搭配者的精力和想象力会显得稍有不足。

Men

男性

男性的外表与女性同样重要。名校的教育背景和身居高位的职业经历，都不能作为你衣着马虎的借口。只有富翁和天才不会因衣冠不整而受到非议。

男性的优雅通常体现为保守的着装。穿着得体的男性绝对应该避免以下问题：

- 闪光条纹的套装。

- 颜色张扬的衬衣。

- 首饰，包括金属制的手镯——连金链子的腕表（正确的配搭时间是白天）也不例外。

- 流行窄裤时，不要穿太包身的；流行阔脚裤时，不要穿过于肥大的。同理，帽子、外套翻领和大衣长度的选择也是如此。

- 波点图样的领带配条纹或格子夹克。

- 手帕几乎要从口袋掉出，或者手帕与领带完全相似。

- 如果要在乡村穿小羊皮的鞋子（通常在城市常穿），戴布制帽子，记得与粗呢夹克和灯芯绒长裤搭配穿。

- 在沙滩上，印花的衬衫和超长的短裤（针对年逾二十岁的男士），短袜配不漏趾的鞋。绅士可以穿凉鞋或帆布便鞋的唯一场合就是海边。

同女人一样，男人也应该时时注意修饰整洁，剪短指甲，保持光泽，但绝不使用甲油；勤剃须；靠近时让人觉得气味好闻；头发不应长过后颈，决不能耷拉在后领上；衬衫干净，长裤笔挺，夹克平整，鞋子光洁。他不应在公共场所大声喧哗，应该内行地使用通用的手势低调地付账，绝不能弹烟灰，路遇交谈应该扔掉香烟。

英国人和意大利人是世界上最会穿的男人。如今，世界各地都有源自这两种风格的定制款和成衣。注意！如果女性穿着过于风格化，是可以被原谅的；但是，男人在这方面用力过猛就不可原谅。要优雅，不要花哨！

Models

模 特

许多年轻女孩都做过名模梦，她们往往只看到了这个职业光鲜的一面。而现实并非如此。就为了每年几次出行，就为了看到自己照片在报纸头版，模特得站好几个小时马不停蹄地试穿——这就是"造型环节"，辛苦程度可想而知。模特甚至连长胖一磅或者晒黑一分的权利都没有。只有极上镜的模特们可以靠为时尚杂志拍片和日常的沙龙工作挣钱，过上宽裕的生活；而那些高级时装沙龙里常驻的模特、那些赚时薪的自由职业模特可能比普通秘书赚得还少。此外，她们需要将收入的一大部分投入外貌的修饰和维护。

随着年纪的增长，女演员可以调整自己的戏路。但是模特只能趁年轻这几年扮演一个角色。

　　模特在台上演绎的优雅往往过于极端，并不适用于日常生活。比如，一群穿着秀场衣服的模特走上街头，如果没有得到百分百回头率，那么这就是设计师的失败了。展示时固然要达到轰动的效果，以强化此风格在人们脑中留下的印象。但我们只消去掉一些夸张的细节——比如出众的妆容，吸引人的发型，超大尺寸或者过闪的首饰——就可以让衣服适宜普通女生日常优雅穿着。

　　另外一方面，如果你对时装秀、商店橱窗或时尚杂志中的一件完美套装着迷，那为免失望最好买下全套。时装系其中的一件衣服，就像一幅框中的画。拿走画框，画仍然美丽，但同时也有所缺失。

Necklaces

项链

最理想的项链——史上最无敌好搭配的首饰、每位女性必不可少的配饰——就是一串珍珠。每个女人都应该拥有一条单串的珍珠项链，以及一条三五串的珍珠项链。上了年纪的夫人甚至可以戴七串或九串的珍珠。如花瓶中的玫瑰花束，奇数总比偶数更优雅。

项链上的珍珠或许是养殖的、仿制的或天然的（佩戴它们的是极为少数的幸运女性）。不过，也不必太羡慕那些幸运的女性，因为她们戴上这些昂贵珍珠时往往心怀担忧，将它们放在保险柜里也会十分苦恼——真正的珍珠需要经常佩戴，通过皮肤的接触保持珍珠的光泽。

　　珍珠的尺寸和色泽要根据个人的容貌和肤色来选择。总的来说，细长的颈部最适合多个极大颗的贴颈珍珠串；较粗的脖子适合长一些、数串珍珠大小渐变的链子。为了确保安全，每颗珍珠之间应该打个小小的结，让珍珠紧挨在一起，共同展现光泽。

　　扣钩的选择也很重要。用漂亮的扣钩将几串珍珠连接起来，扣钩放在脖子前或者靠近肩膀的位置，这样别人会以为你有两到三条不用的项链。

　　黄金制的项链一定要做工精湛才显出优雅，仿古式设计或者镶嵌半宝石那种尤佳。普通的机制黄金链子，其价值更多地体现在重量，而不是工匠的手艺。如此一来，无法十分别致。

　　珍贵的家传项链从贵族家庭中的一代人传到另一代人手里，如今已经很少见了，只有少数优雅的私人舞会或者某些举国盛会尚能得见。即便为了那些场合，众巴黎美女也只是在活动前夜向凡顿广场的珠宝商们租借些祖母绿或红宝石。

同时，搭配衣服的项链也被潮流推到了高峰，即便它们不如饰针受欢迎。许多挖空的、无肩带的、高而圆的领口都十分需要项链的点缀。唯一需要避免的就是水钻，这种试图仿冒钻石的项链其实是非常不优雅的。不过，水钻的好处是和彩色宝石或珍珠搭配得很和谐，特别是当它们组合成仿古风格时，这样的项链会给一件晚装更添创意和光彩。

清晨，你可以戴上珍珠或者黄金制的项链（后者不如前者别致）；午后，你可以换成一条与衣服搭配的简单项链，半宝石（比如绿松石和珊瑚）制的也不错。

要是对自己的品位缺乏信心，我可以给你一些安全又绝对别致的穿搭建议：

- 穿套装和针织衫时：在城市戴珍珠；在乡村选择珍珠或者稍大的彩色串珠皆可。

- 穿彩色连衣裙时：选择珍珠项链或者几串搭配协调的彩色串珠。比如黄色串珠搭配橘色连衣裙，珊瑚石搭配浅蓝色，绿松石搭配米色，玉石搭配藏蓝色。

- 穿黑色连衣裙时：戴三串珍珠项链。

- 穿印花连衣裙时：戴珍珠项链或者彩色串珠——要能衬托印花中的某种色调。

墨黑的项链只适合与白色衣服搭配。白色串珠只适合夏日——当然，珍珠项链例外。

Necklines

领口

一条裙子最引人注意的地方应该就是领口了。事实上，当女士坐在餐桌旁时，领口是她衣服上唯一展示出来的部分。

在整个时尚史中，无论是高领毛衣还是无肩带上装，甚至是完全露出胸部的惊人款式，各种不同类型的领口都曾经引领一时风骚。唯一可以肯定的是：今天过时的领口设计也许明天又会流行起来。

- V形的领口只有在开得非常非常低——甚至低到接近腰部的时候，才真正显得优雅。

- 梯形领口以前常被忽略，现在却成了最受青睐的设计之一，无肩带晚间上装也是如此。

一般来说，开得特别低的领口适合高挑略丰满的女士。

V形的领口可以展现美丽的胸部，但是不要低到露出乳沟。另外，如果你的个子十分娇小，就应该选择尽可能高的腰线，视觉上使整体显得高一些。

即便是无肩带礼服流行的时候，它也更适合高挑的女士。你只需试着在无肩带的紧身胸衣上加上两条带子，就会发现似乎奇迹般地长高了至少10厘米。

不对称领口的衣服其实很难穿，只有在希腊式的晚礼服上出现才最适宜。

　　船形领口是最女性化的设计之一，它完全不挑人。穿着它，可以衬托你美丽的双肩和背部，以及好看平坦的肩胛。不过，如果你的肩胛稍有突出，那么最好选择 V 字开口的背部设计，露出中间的脊背。

　　反折高垂领，轻轻垂在身前或者身后，可以掩饰丰满的背部或胸部。

　　低胸礼服绝不适合白天都市穿着。即使温度骤升，白天穿着袒胸露肩的诱人晚装也只会显得品位低下，甚至不雅。

Negligees

晨衣

　　许多公共场合下非常优雅的女性，却无法在居家的私密环境里保持这一点，而这恰恰是她们最应该展示魅力的时刻啊。

　　几乎每个女人都有一两件好看的睡袍和晨衣，专用于出门旅行。酒店服务生实在太有眼福！无论身着晨衣的女客多么优雅，但是当你想到，一位训练有素的酒店服务生也是坚决不应该看她们一眼的，那是多么浪费！

场合

　　总有许多场合是连平时最为低调、最不在意穿着的女性都一改往日风格，意识到其社交重要性，而精心装扮的。她突然意识到自己将成为人们关注的焦点，因此而抓狂——"我到底应该穿什么啊？！"然后冲出家门胡乱买一条新裙子。

　　有时，你或丈夫会被邀请作为主角出席一些活动，比如作为教父教母出席婴儿的受洗礼；作为宴会主持出席某位贵客的欢迎会；作为委员会成员出席慈善晚宴；作为父母出席孩子的毕业典礼；还有参加朋友的生日会、丈夫的获奖仪式，或者只不过是作为普通客人参加办公室的圣诞派对。这些场合的最佳着装策略就是简洁，不必为此特别改变自己平日的穿衣风格。

举例说明，如果一年有 364 天你都是穿定制西服和平跟鞋，戴框架眼镜，那就别突然头戴花哨的蝴蝶结，身穿镶有荷叶蕾丝边的低胸红色礼服了。反过来，如果大家平时就习惯了你整日珠光宝气、装束鲜艳，那就不用突然全身黑色，让人疑心是要参加葬礼。要是风格骤变，你会吓到大家的。而在这些特别的场合里，你不会想引起轰动的，只需展现自己令人愉悦的迷人样子就好。

选择衣服时，首要考量因素是仪式举行的时刻；其次要考虑的是仪式的正式程度；再次是仪式的环境布置。

黄昏举行的仪式或正式晚宴上，黑色并不是理想的着装选择。事实上，宫廷礼仪中是禁止着黑的。不过，当男伴身着深色商务西服（而非打领结的礼服）时，女士选择一件略露肩的无袖小晚宴礼服是最好不过的。这种别致的小黑裙是每个女人的衣橱必备，它适合所有的商业晚宴。当丈夫将你介绍给他的老板、同事或客户时，你的优雅和品位一定让人印象深刻。

居家聚会中——无论宾客多么富有或显赫——女主人都不必在穿着上太过华丽炫目。此外，如果女主人的精心装扮让女客人黯然失色，那或许会引起妒意，这可不是什么好事。有时，过于刻意装扮可能会适得其反。

Originality

创意

懂得如何在各式各样的衣服里做出聪明的选择，是女人形成优雅风格的开始。在此基础上，如果她还能掌握好个人的装扮风格，并据此生出创意——比如首饰的佩戴，或者出人意料的色彩搭配——那么这位女士就可以成为时尚达人了，她属于为数不多的开创风格引领潮流的那拨人。在时尚圈，我们称其为风向标。

在我看来，至少 20 万人里才有一位具有这种天赋的女性。这样的女性懂得怎么把你束之高阁的鸡蛋篮子改造成沙滩包，知道如何将祖父的怀表串起来做成项链——这两个例子其实已然是非常普及的时尚改造术了。不过，最初自然是某些聪明的女人发明了这些小窍门，然后再由普罗大众纷纷效仿。

如果初衷仅仅是出于吸引眼球的目的，那这样的创意可能不受欢迎，在一个越来越循规蹈矩的社会里更是如此。诚然，如果缺乏品位、毫无分寸，创意的确会产生滑稽的效果，这正是很多女性所担忧的，这也就是为什么她们宁愿穿得千人一面也不敢犯错。

然而，只有通过不断的创意和尝试，时尚才能历久弥新。只要有相当数量的人接受了这样的风潮，时尚就不再那么惊世骇俗了。让·谷克多曾说："时尚就是接受荒谬。"一旦创意成为时尚，它为众人接受之时就是被创作者抛弃之日，越受欢迎的创意消亡得也越快。20个创意里或许只有一个（这还不一定是最有价值的那个）能留存下来。但如若没有满怀创意、拒绝流俗的女性和设计师，时尚也就不复存在。

Perfume

香水

　　人类一直都有取悦嗅觉的需要。至于证据，只消参见卢浮宫和大都会博物馆里陈列的古董香水瓶便可。不过，在不同时期和地区，香水的品位有多种不同形式的表现。

　　譬如，在非洲丛林国家，原始部落调制的香水气味之浓烈，足以熏死第五大道上的每一只苍蝇。路易十四时期，由于普遍没有卫生习惯，人们为了遮盖体臭选择使用气味远比今日浓烈的香水。而其实，现代人越来越喜欢更淡的味道，也更倾向于选择淡香水或古龙水。当今社会，如果一位女士人未到而香已至，就算她用的香水是迪奥，那也不免会被认为品位不佳。要是如同"一战"前小说里的异域女主角一般，所过之处都是令人窒息的香水味，那也是不雅的。由于淡香的流行，习惯了母亲浓香的女士们担心现代的香水留香不久。这一点不好说，但无论如何这都不是反对淡香趋势的好理由，因为香水产业正在蓬勃发展。

影响女性选择香水的要素有二：一是香水瓶——如果瓶子设计优雅贵气，出身名牌，那么女人们会乐意在梳妆台上展示它；二是香味本身——是否能衬托她的个性、增加她的魅力。在这方面，唯一要注意的是确认自己的皮肤是否会对此种香水的成分过敏。所以，选择香水的最好方法就是不断尝试。喷洒香水时最好使用喷雾口。最讲究的做法是让你的化妆水、香水、洗手皂、浴盐、爽身粉，甚至内衣抽屉里的香薰包都是同一种香味。

在我母亲那个时代，一旦你发现了一款自己喜欢，你身边的人也喜欢的香水，那最好坚持一直使用它。优雅女性认为忠于自己的香水是一种荣耀，她的香水就是她的签名。不过现在的香水越来越多样，还有针对不同年龄、不同天气设计的香水。因此，优雅的女士的确不会隔天换一款香水——因为这会让衣服带有混合的怪味——但也不必像以前那样只用同一款香水。事实上，她反而一直乐意收到新款香水作为礼物。

Personality

个性

优雅的第一步是认识自我，而充分地了解自己需要一些反思和智慧。因此，愚蠢的女人很难真正优雅起来。她会模仿任何吸引了她眼球的花哨风格，却从不试图根据自己的特殊情况、身材和生活方式做出调整——即便当前的风尚完全不适合她自己。

周遭的环境、身边的人出于好意的保护往往会限制人的个性，你需要有强势的性格以摆脱这样的约束。有的女性从未真正解放过自己，有的女性到了晚年才做到这一点。不过，在当今社会就连非常年轻的女孩也可以不受家长的监护，而且家庭的反对往往更激起她们的兴趣。这种逆反心理可能在很多方面都存在，所以导致优雅女性与不修边幅的女性比例保持稳定，而未随时间改变。我常见到时尚妈妈的女儿穿着邋遢，而穿牛仔裤的母亲却有个喜欢蕾丝和荷叶边的女儿！

拥有个性不仅仅意味着敢于反抗，还包括对自己外貌的优缺点、道德标准和财力情况的体认，那你应该了解以下几件事：

- 如果你因为担心20名建筑工人向你吹口哨就不敢经过建筑工地，那就别买那顶吸引眼球的红色帽子——就算它看起来很适合你。
- 如果你的头发不好定型，新发型顶多能维持一个小时，那你最好还是采用自己好打理的发型吧，比如假髻或者法式扭卷。千万不要盲目效仿隔壁女人那种设计复杂的发型。
- 如果你身高150厘米，体重60公斤，那工作日最好不要穿平底鞋。
- 如果丈夫不喜欢在晚上出去，而你又想顾及他的感

受，那就不要买漂亮的晚礼服——就算打折也不要
买。不过，一件可爱的睡衣可能有助于调节家中夜
晚的沉闷气氛。

- 如果喜欢运动，你可能不太适合袖口带褶的轻柔雪
  纺衫。

　　简言之，培养个性意味着了解自己的一切，千万不要像
鸵鸟般自欺欺人拒绝接受生活和外貌的缺陷，而应该去纠正、
改善它们。女人一旦建立了自己的个性，或者按照自己的品
味塑造经营，那么她所收获的就不仅是优雅，还有幸福。

Photograph

拍照

　　我身边没有一个女人对自己的生活快照特别满意。不过，这往往是她自己的问题。因为作为拍摄对象，她追求的是动作自然和形象正面，并不愿像专业模特那样摆姿势。

　　我固然也不建议你像拍时尚杂志大片那样凹各种夸张造型，但是你需要注意以下几点：

- 你应该站得笔直，脚尖外开，一条腿稍较另一条腿靠前，略微侧身，让摄像机捕捉一个四分之三视图。
- 如果不是非常年轻，你应该面带微笑看向摄影师，否则嘴角的表情纹容易让人看起来不快或疲乏。

- 户外拍照时摘下墨镜，但切勿直视太阳。

- 如果躺在海滩或甲板上拍照，最好是用髋关节和肘支撑自己，显出身体的轮廓线条，而不要像煎鸡蛋般躺平摊开。

- 手部最受推崇的摆位是双手轻轻交叠放在膝盖上。但其实这种姿势看起来挺僵硬的。如果两只手实在不知如何是好，你可以将手放在背后，不过别放在臀部上。

- 最好选择较低的拍摄角度。因为高处的角度会产生透视效应，压缩人像。

- 多人合影时，如果拍摄对象站成一排，盯着镜头，笑容僵硬，那总显得有点滑稽。

- 如果你是常被媒体拍照的名人，那么记得永远在镜头前摆出最佳造型。每个在购物的电影明星都是"意外地"被媒体拍到，但其实每一张照片他们都已经摆了五六次姿势，所以照片才会看起来这么自然。在几个人面前摆十分钟姿势可能有点傻，但这总比第二天早上成百上千的读者看到你难看的照片好。

家庭相册是一项迷人的传统，不过有时也可能非常尴尬。我的建议是每隔十年左右重新编辑整理。

最后要说的是，如果拍摄人像写真，你应该选择自己最经典、最保守的衣服和珠宝，甚至尽可能不要在照片中凸显你的衣服——因为衣服最容易泄露照片的拍摄时间。同理，你最好选择简单的发型。

Planning

计划

最善着装的女性对于衣服往往是最花心思的，但这并不意味着投入最多的钱或时间。

每年有两次——夏末九月和初春二月底或三月初——你需要为即将到来的季节重新整理衣橱。请完全客观地、不要感情用事地抛弃以下物件：

- 磨损或染色的面料、不值得改造的过时服装。
- 破旧的、留备不时之需的鞋子和手袋。
- 过时的帽子。

此外，你还应该考虑放弃：

- 尺寸已经过小的衣服（待你减肥成功之日，这些衣服可能早已过时）。
- 过去两年都没有使用过，也不能成功改造的衣物。在这方面，你不该指望靠染色或大改造而产生奇迹。因为这样做的结果往往令人失望，而且成本昂贵。

针对余下的衣物进行必要的修补，把衣裤的长度调整到目前流行的样子，更换纽扣等；然后再决定需要购买哪些衣物来完成衣橱的更新。

为每个季节的衣着选择一个基本色。春天可以是米色、藏青色、灰色，或黑白格子；冬天就选择黑色、棕色、暗灰色或暗绿色。备几套同色系的衣服也不错，可以搭配同样的首饰。

在一季之初，你就应该已经为生活中的重大场合准备好基本套装：职业装（或白天的衣服）、晚装、运动休闲装。如果有特别的旅行计划、日历上的特殊事件（如婚礼、舞会），提前考虑着装问题。如果早早地准备好了主要的大件衣物（如冬装外套、春日套装），而不是在最后一分钟才抓狂，那么即便你之后一时冲动买错了其他衣服，也不会打乱整个衣橱。你也不会在自己需要一件晚装的时候，将全部预算支出在一件额外的套装上。尽量避免每年重复购买这些大件，今年买了件好外套，明年就入一件定制西服或者考究的套装。

然而，一味古板地固守定好的衣橱计划，也不是明智之举。有些最合适你的衣服往往是冲动之下的选择。作为女人，绝不应该仅仅因为一件衣物不在计划之内，就放弃它带来的愉快和美丽。

Posture

仪态

数年前，每一个有教养的年轻女孩都需要接受仪态训练。即使在今天，我们让年幼的女儿上舞蹈学校，通常也不是为了让她们成为芭蕾舞团的首席女演员，而更多的是希望她们长大后成为优雅的女子。

T台上走秀的模特采用的姿势和步态极不自然：肩膀微微耸起，腹部内收，髋部向前推送，呈现 S 型。她们行进的方式与其说是步行，不如说是滑行。这一切都是为夺人眼球而刻意营造的效果。当然，一旦走下 T

台，这些模特就会恢复正常的走路方式。

对于日常生活中的女性，即使本来身高已经很高了，还是应该像想要增高几厘米般保持挺直。蜷缩的背部，萎靡的双肩，耷拉的下巴会让人觉得你生活失意且极度沮丧，看起来比实际年纪老十岁。

女人在镜子前试衣服时，总是保持挺直，姿态美丽。如果之后再次穿上新衣时已经又是放松身体驼背含胸，那也难怪会觉得这件衣服一点也不如先前试穿时别致了。

Pounds

瘦身

体重总是在不经意间悄然增加，赘肉真是女人最可怕的宿敌。每年春天，时尚杂志和女性刊物都会盘点新的节食瘦身法。如果你能严格遵照执行，那苗条身材指日可待，优雅仪态随之而来。虽然优雅的女人并非一定如模特般骨感，但通常十大"最会穿的女人"大概也是十大"最耐饿的女人"。

不管你迷信哪种节食方式，你不能吃的清单上可能包含盐分、饮料、糖分、脂肪、淀粉、水果、蔬菜、奶酪、某些肉类、糖果，或者酒精。这年头，吃了不用担心会长胖的美味真是越来越少了！新时代的童话里，仙女应该赋予摇篮里的小公主吃什么都不会长胖的魔力。

瘦身实际上已然成为一种新的宗教。全天 24 小时的斋戒禁食就是它的仪式，主教是医学专家，教皇是阿特金斯博士。过去，人们只是低调地信奉这种宗教，早期的教徒满足于适当的苗条，还是会保留一些柔和的身体曲线。到如今，皈依者与日俱增，她们高调地信奉这样的教令：所有不笃信豆芽身材和窈窕身段的人都是无可救药的异端！人们对于瘦身的狂热从何而来，是源于局促的现代寓所么，抑或来自人口的爆炸性增长（人越瘦，需要占据的空间越小）？很难论定答案究竟是什么。但讽刺的是，人们越想变得更瘦，现代生活却越让人发胖。因为神经性肥胖症显然是本世纪的痼疾之一。（由于超重常常是某种疾病的症状，所以在决定节食前你应该向医生征求意见。）

很多女性终其一生都在奋力瘦身。在过去的三十年间，人们每顿的平均饭量已经减半。但是，你也别总是一心计算着卡路里的摄入量。比如，在一间高级餐厅里，一位女士却在小口地啃食一只苹果，这会让餐厅领班和她的男友都心生不满。有可能这位男士下次会邀请另一位不敌这位女士苗条，却也没这么像苦行僧的女伴。

　　谨记：节食请勿结伴，只应独自进行。

Prosperity

未雨绸缪

　　有一天，某位迷人的顾客说她特别喜欢我的两枚戒指：一枚是订婚戒指，一枚是过世母亲的戒指。她想当然地认为我大概是生活潦倒才沦落到去服装店工作，说："亲爱的，你还是很明智的，好歹还守住了首饰！"

　　她的一席话让当时的我觉得很好笑，但同时也非常在理，因为有太多的女性不懂得在经济宽裕时买入首饰和配饰傍身。几件精致的珠宝，品质顶级的手包，金制的粉盒，好看的雨伞，这些可能比六条最新款的大牌礼服更禁用。要记住，股票并不总是看涨。有时候，你要靠有限的旧衣服和配饰过好几年，并保持优雅不减。

Public Appearance

公开亮相

现在，炫目的脚灯和摄影师的闪光灯已经不再是女演员和政治家的专利了。即使是最深居简出的女人，也可能有一天会由于她的社会活动或慈善行为而意外成为关注的焦点。

衣服的选择主要取决于事件的时间和地点。在一般情况下，你应该选择设计精良、线条简单、轮廓利落、面料不反光且挺括的衣服。如此一来，紧身的绉绸就不太合适；飘逸的料子（譬如薄纱）虽然在行动时赏心悦目，但在人静止时就失其魅力。黑色并不是理想的选择，而且最好完全避免印花。对于白日出行的女士，我建议穿着采用中性色调，并且戴上衬搭的配饰；到了晚上，你最适合的则是鲜艳明亮的颜色。领口要开在脖颈底部，以拉长颈部、修饰脸型。

如果穿着晚礼服，那你的头发应该是洁净、有光泽的，而且要尽可能将其梳理得简单、服帖。

如果需要长时间站立，那么建议你选择舒适又优雅的鞋；如果需要在麦克风前发言，那么你不宜佩戴叮叮当当的手镯，以免发出不必要的声响。闪亮的服饰和珠宝在脚灯照射下效果不错，但在镜头里就另当别论了。如果现场有摄影师，你最好改戴低调些的首饰——特别是珍珠制品——既展现优雅，又十分上镜。

眼镜是另一种容易因反光而破坏照相效果的配件。因此，如果你不是摘了眼镜就看不到任何东西，那最好还是把它放在手袋里。

在穿衣镜前来一场私人试装是避免遗漏细节的好办法。在这之后，你就可以把衣服之类的琐事抛在脑后，将全副注意力集中在观众身上——不管是在私人场合还是在公共场合，这一点也都是优雅的原则之一。

Quality

品质

　　精品店的定位就是拒绝坏品位。

　　当然，便宜的商店不会冒销量下跌的风险。在那里，极其别致的物件旁边可能就陈列着非常平庸的款式。而奢侈品店就应该只出售优质上乘的商品，只有这样，消费者才会相信物有所值，并心甘情愿地掏钱买下。

　　最起码，高级女装店店员不会向顾客推销一件她穿起来可笑的衣服。不论价格几何，也不管顾客有多坚持，店家都不应该卖给她。这一点至少是我个人信奉的原则。不过，我不保证所有时装店员都能坚持原则，甚至不惜反对顾客的意见。他们中的大多数都只是一味盯销量，并未能考虑到穿着不当的顾客会给他们的品牌带来怎样的灾难性后果。不仅这位客人永不光顾（因为她绝不会承认是自己坚持的错误决定导致买了不当的衣服），而且她所有的朋友也会对这件事广而告之，宣扬这个品牌货次价高。

所以，只要商品的品质与价格对等，精品店就不必因为顾客过门不入而自感羞愧。较高的价格是它为顾客提供优质商品的保证之一——因此，"品质"往往成为"昂贵"的同义词。当然，这一准则在通常情况下是成立的，但也并非总是如此，而在技术进步的当今社会就更不一定了。曾几何时，顾客对含有人造纤维的材料完全嗤之以鼻；但如今，所有的女人都知道人造纤维的神奇优点，以往的面料质量标准已随之有了新的调整。其次，现在许多优雅外套是由以前实用工装的专用面料制成，比如床垫亚麻布、蓝色牛仔布、棉布。可以说，现代服装的设计比衣服面料更重要。人们对衣服品质的要求已经从结实耐用变成了优雅和舒适。

想要保证衣橱里的每一件衣服都质地上乘，只有极少数的女性才付得起这么高的成本。但无论预算多紧张，你至少可以入手一些基本的奢侈品——最好是那些以品质作为长期投资的物品，这往往就是另一种形式的储蓄。举个显而易见的例子：一件量身定做的西服，或者一款经典精致的皮革手袋——比如一只能用十年的爱马仕手包！还有一些其他的高品质配件，它们可以增加整套装束的质感。比如：

- 一把可爱的伞（如果你不是老丢伞的那种人）。
- 一件羊绒衫。

　　最后，如果你在城里最好的时装店里只买得起一件衣服，那就买大衣吧。大衣不仅可穿着的场合最多，而且大家都可以看得到它的高级标签。

Quantity

数量

　　穿着考究的美国女人与巴黎女人之间，最显著的区别之一就是双方衣橱的尺寸。

　　美国女人很可能会为巴黎女人有限的衣物数量感到惊讶，但她很快会注意到后者的衣服都质量上乘，而且按美国标准来看并不便宜，但这完全适用于巴黎女人的生活。巴黎的女人会一再地穿上这些衣服，直到它们磨损或过时才丢弃。当朋友说"你又穿了这件红色礼服！太好了！我一直很喜欢！"时，巴黎女人会很受用。

　　美国人常觉得巴黎的衣服价格太贵，她们不理解：一个刚刚开始工作的年轻女孩，挣的钱不过是美国同龄人的一半，却能买得起鳄鱼皮的手袋，穿得起巴尔曼家的衣服。原因在于她只买为数不多的几件衣服，她只需为生活中的不同场合各准备一套完美着装即可，而不是心血来潮胡乱购衣。

优雅的法国女性会希望她的一件大衣至少穿三年，她的套装和礼服至少穿两年，晚礼服几乎可以穿无数次。她在同一时间里拥有的内衣并不多，但会经常替换更新。鞋和手套也是如此，而她的手袋则是可以使用多年的。只有她的度假装是需要每年夏天换一次的，这些不需重复穿着的衣物通常在百货公司或精品屋购买即可。

当然，两种不同的生活方式导致了两种不同的人生态度。不可否认的是，美国女性常常遇到很多新的诱惑，往往难以抵抗时尚广告袭击。另外，她还被政府告知：对国民经济的贡献就是不断地消费。不过，我不知道她一旦改变想法，从重视数量转而追求质量，是否会从中获益。她或许会发现，这样一来不仅增加了优雅的气质，还会从她的衣服中收获自信和愉快。

格言

关于衣服:

尽你财力购置考究衣装,但切勿炫新立异,可以富丽但不要浮艳。因为服装往往映衬人格。(莎士比亚)

关于优雅:

优雅不只是舒适,不只是免于尴尬和拘谨。它还意味着永远得体,保持精致,意气风发而又不失细腻。(黑兹利特)

关于时尚：

每一代都在嘲笑老规矩，笃信新流行。（梭罗）

固守老一套或许比追逐新款式更虚伪。（茹贝尔）

时尚，不过是在生活方式和社会交往中领悟艺术的尝试。（奥利弗·温德尔·霍姆斯）

无论何种夸张都会令人惊诧，在穿着和言语上，聪明人都应该谨记这一点；不要过度受外物影响，可以跟随时尚，但切勿过于热衷。（莫里哀）

不要太超前，也不要远离时尚太久；任何时候都不要走极端。（拉瓦特）

关于品位：

品位糟糕是道德低下的一种表现。（博维）

可以说，品位是鉴赏力的显微镜。（卢梭）

真正品位优雅的人，往往有一颗卓越的心。（菲尔丁）

Rain
雨天

想在暴风雨天气里保持优雅，只要拿把合适的伞就够了。这件有用的配饰可以是一件非常惹人喜爱的物品，可以是优雅品位的确凿佐证，也可以是无可救药的坏品位的铁证。挑选时，最好避免下列情况：

- 人造珍珠母伞柄，或精心装饰的银制和镀金伞柄。
- 甜蜜柔和的颜色，如淡紫色、玫瑰色、豆青色和淡蓝色一类。
- 印花。
- 悬挂在手腕上的折叠伞。

弯曲的伞柄比直把的更实用，因为可以挂在手臂上。直把的伞柄通常虽然更好看些，但是会占用一只手，或在你试图把它夹在腋下时掉在地上。跟雨衣一样，米黄色是最好的雨伞颜色之一，因为这种颜色几乎和任何一套衣服都能搭配得上，同时会在撑伞的人的脸上投下一种特别讨喜的影子。黑色和白色是安全的经典选择。一般情况下，最好避免穿防雨绸或类似材质的雨衣。精明的售货员会劝你去买入这类雨衣，并推销说它们既可以当作晚装外套又可以当作雨衣来用。事实上，这种雨衣在这两种用途上都算不上真正的优雅。

旅行时，在随身行李里装上一件雨衣和一把雨伞是个不错的主意，可别放在旅行箱中。出于某种神秘的原因，总是在刚到目的地的那一刻你才最需要它们!

最后要说的是，雨天时，你应该从衣橱里选择那些看上去不会被雨水弄坏的材质，而不是试图用透明的塑料布去保护你的手提包、帽子和鞋子。这些有用但不具审美趣味的发明应该待在属于它们的地方——超市货架上，或者，以衣服包装袋和包装盒的形式出现在你的储藏室和书桌抽屉里。

Restaurants

餐厅

　　在大多数城市里，有两种不同类型的餐厅：一种是为了展示自己，另一种是为了好好享受一顿美妙的大餐。那些只为果腹的餐厅就不必多说了，你通常也只在那儿匆匆吃顿简单午餐而已。但在其他情况下，一位优雅的女士应该在去餐厅吃饭之前换好衣服。

　　当然，在高雅场所出席晚宴穿着的礼服，与在临近街坊的小餐馆里吃饭穿着的衣服不会是一样的。在第一类餐厅里，你可以穿上自己最华丽的衣服，吃鱼子酱，喝香槟，而不会有任何被他人认为是粗俗的风险，因为餐厅里的布置就是为这样的奢华而设计的。但是在另一类餐厅——就是那些只是为了去试某道新菜品，或者仅仅想吃一道特别美味的意大利面和肉丸的地方，你最好穿得随意一些，只喝些普通的红酒就可以了。

　　除了这两类，还有很多处于两者之间的餐厅，比如时下流行的小咖啡馆（在此你可以穿得精致一些，比如一件购自精品店的时髦黑绉纱上衣），或者那些靠招牌菜打出名堂的老字号餐厅（在那里的消费者大多是食客和吃货，他们身材丰腴、气质乡野、生活无忧、精神放松……总之并不是那么优雅）。在后一种餐厅里，你可以随便穿一件平庸又舒适的衣服。这些行头是进入这种地方的通行证。

　　换句话说，在被带出去吃晚餐之前，先弄清餐厅的类型。

Rich

富有

在各国经济都比较低迷的时期，炫富并不是什么好品位。即便是用"富丽堂皇"来形容一间客厅的装修，或者用"富态"来形容一位女士的体形，都似乎带了些贬义。跟炫富一样，与"富"相关的这些词已经沦为"粗俗"和"不优雅"的同义词。

同真正的奢侈一样，真正的富有应该是难以察觉的。只有行家才能一眼认出，你那件藏蓝色简洁款短上衣出自大牌巴黎世家，价钱不亚于一件裘皮大衣。

Rings

戒指

　　午餐之前，钻戒是唯一可以佩戴的钻石饰品。一般而言，一个女人仅有的戒指就是订婚戒指和结婚戒指，所以绝对值得花时间好好地挑选。随着时间的流逝，个人的品位和财务状况也会有所改变，那么偶尔修改一下原来的设计或者彻底换掉戒指上的宝石或镶座也未尝不可。

　　钻石应镶嵌在与之同等优雅的黄金或铂金上，婚戒理所当然要与订婚戒指相配。钻石切割的方式有多种。大体来说，侯爵式（船形），祖母绿式（圆角方形或矩形），以及梨式（泪滴形）更适合短些的手指，因为这些样式让手指看上去更加纤细修长。六十面体切法（有许多面，需要高基座）和四面锯切的宝石比较适合又长又细的手指。设计和镶嵌经常会创造出神奇的视觉幻象，使得某种宝石适于某种类型的手。此外，一颗较小的单粒宝石与其他珠宝组合在一起之后，总比单粒时要优雅得多。

戒指的风尚一直跟随着其他珠宝的潮流，两种或多种不同种类的珍贵宝石的组合会比较时髦，如蓝宝石、绿宝石搭配钻石；一颗黑珍珠、一颗白珍珠搭配钻石；红宝石、蓝宝石搭配钻石；或者——顶级优雅奢华的——淡黄色和白色钻石。

除非镶嵌钻石，否则在戒指上镶嵌一般的单粒宝石就有些不太适宜。其实，一颗巨大的黄宝石或海蓝宝石都不优雅——尽管我曾看过一些很时尚的女人戴过，尽管黄宝石是最可爱的珠宝之一。另一方面，一大颗星彩蓝宝石则是非常漂亮优雅的。

一只手上戴的戒指不要超过一枚（婚戒和订婚戒指也计算在内）。需要注意的是，戒指比其他任何珠宝都容易被弄脏，不要使用牙刷大力擦拭，找专业珠宝师做一年一次的清洁和抛光吧。

Royalty

皇室

　　皇室成员总在被大众观看，还不如明星们自由；而在优雅这件事情上，他们更有义务去遵守这些似乎缺乏人情味的规则。

　　英国皇室无疑是其中最著名也被议论最多的。伊丽莎白女王并不像她的祖母玛丽女王那么刻板僵化，然而在穿着上她却总是非常保守，带有华丽的皇室风格，效仿她的穿衣风格对任何其他女人来说都会是一个灾难。她那过于修整的帽子，露出脚趾的鞋子（多数都是白色的），以及皮草披肩，都是其衣柜里的败笔。必须承认，她对胸衣的挑选很差劲；还有那必须佩戴的宽绶带装饰，一点也不能为她那过度装饰的晚礼服增色。不过，女王的首饰都很赞，发型也自然得体。此外，她还拥有完美无瑕的英国气质。女王最优雅之时无疑是她访问教皇的那天，遵从礼仪全身着黑——也是同样的礼仪规定，她在除葬礼外的其他任何场合均不可以穿黑色。总之，这些只是小小的挑刺而已。因为，作为英国女王，想保持优雅，就算不是不可能，但也是一件极其困难的事情。

无论如何，女王都比她的妹妹优雅许多。玛格丽特公主费尽心思想变得别致，结果既没有皇室风范又没有优雅气质，只是变得显眼罢了。

多年来，肯特公爵夫人的造型总是很完美。英国女人对着装的兴趣越来越浓厚，尤其在品位上没那么与世隔绝了。当一个英国女人想变美，那么她可以是全世界最美丽的女人。

不过，最受人们欢迎和推崇的那位女性并不是女王，但也许她比女王还女王，因为她在自己的官方身份上添加了强烈的自我个性。这个人当然就是杰奎琳·肯尼迪。《女装日报》（*Women's Wear Daily*）称她为"优雅女王殿下"。据我所知，她在优雅这件事上从未出现过丝毫疏忽，她的穿着总是充满青春活力、休闲随性，创造了一种适合现代生活、符合职务身份、契合个人风格的时尚。

　　如果每个女人都能像肯尼迪夫人那样会穿，那么我就没有写这本书的必要了。她对美国时尚界有着巨大的正面影响。虽然她的衣服并非总从巴黎购入，但它们无一例外都受到巴黎高级女装的启发。1961 年，杰奎琳去巴黎进行正式访问，法国民众完全被她的风采迷住，以至于某次自我介绍时，肯尼迪总统称自己为"Jackie 的丈夫"。

Sales

打折

在巴黎高级时装店的打折日，你会看到最令人难以置信的滑稽奇观。身材丰满的主妇拼命想挤进窈窕模特身上的礼服，导购小姐见此惨状，内心一颤，似乎听到衣服开裂的哭叫和拉链受难的哀号。

身着内裤和胸衣的顾客四处走动，丝毫不感到尴尬。而最可怕的是那些固执的讨价还价者。像逛跳蚤市场一般，她们涌进迪奥或纪梵希的专卖店，皱着眉，抱着淘宝的心情翻乱每一件衣服。

如果方法得当；如果你不带先入为主的观念并接受反季节购物，在六月买冬装或者一月购亚麻裙；如果你只是想为自己的衣橱锦上添花；如果你有时装模特的好身材，那么你完全有可能在大减价中寻到宝。外套最容易买到合身的，不过这也最容易早早销售一空。

但我不建议新手去淘高级女装的打折货。因为，如果她运气不好，被没有职业道德的女售货员说服（当然，如果去信誉较好的店，这种情况发生的概率会更低），就可能买回一件在自家镜前试穿一次就再不敢穿出门的闲置货。

女装店的打折货可能包括模特身上的样衣，不满或善变的顾客退回的商品，上一季的旧款，偶尔还有一些因为某种原因做工不善的裙子或外套。最好穿的衣服当然是在每季初就以正常价格卖出了，剩下的滞销品通常有这样那样的毛病：尺寸不合适，颜色太难搭，风格太极端。

百货商店的打折季更有风险——虽然也有可能捡到大便宜。首先，这些衣服经常被试穿，可能被弄脏；其次，某些制造商常常推出打折商品，而实际上这些商品连清仓日的所谓"半价"都不值。

可是，我并不指望这些发人深省的事实能劝阻所有女人去碰碰运气，寻找划算的买卖似乎是女性与生俱来的本能。你当然可能从大减价中获得极大的满足感，前提是你得拥有足够的勇气和意志力来抵挡诱惑，比如，一件其实并不便宜的可爱小衫，虽然看起来没花多少钱，但其实对你毫无价值。

Sex
性感

我们生活在一个科幻小说可以成真的世界。机器几乎可以做所有人类能做的事情，我们吃了越来越多合成的精致食品，我们无疑都在慢慢地变得越来越像个机器人。但是有一个领域在面对现代科技的进攻时依然刀枪不入——在岁月的长河中，这项活动一直以相同的仪式传承着，那就是男人与女人之间的互相征服。从《圣经》记载的时代开始，甚至从中世纪最未开化的时期开始，男人就开始寻求女人的爱，女人也很乐意缴械投降。

1914 年之前，针对年轻女孩的教育，就是教导她们如何赢得和拴住一个男人。首先，社交中要风度优雅：学习跳舞和礼仪；然后，当一名年轻男子被一位爱女情深的母亲耐心编织的网所捕获，女孩就要开始掌握厨艺和家务，以留住这位男子的爱和收入。

过去几十年的社会演变中，妇女获得了一些解放。她们可以拥有自己的事业，与男性同工同酬。不过，即便是这种激进的革新也没有减少性的永恒吸引力。现代女性也许可以赚钱养家，但是她的首要任务仍是征服一个男人。

为此，她生命中几乎所有的目标都是获得潜在的武器，就像每一个广告牌、报纸、杂志、广播和电视上不停强调的那样。所有和美容相关的产品，如洗发水、牙膏、化妆品和香水都是征服行动中不可缺少的。不买它们等同于去修道院隐居。

男人与女人为了互相吸引对方，常常有意无意地沉溺于各种各样的诡计之中。事实上，女人们似乎总是比男人们缺乏判断力。她们总是试图发挥自己的天然优势，却往往毁掉了所有变优雅的希望。

所谓的"性感"风格从来就不是真正的优雅。那只适合黑帮电影里利用色相勾引男人的女子，或者喜剧里的脱衣舞娘。此外，这种夸张风格的始作俑者，并不是那些只喜欢纤细的平胸模特的时装设计师，也不是要求女人们把丰腴的胸部塞进根本不带突起的巴黎女士紧身胸衣的服装业。这些夸张胸部的推手是那些内衣制造商，他们创建发展了自己的产业，让它如摩天高楼般稳固；而本应柔软、富有自然弹性的胸部，却因为他们变成了坚硬的装甲板。大众追逐丰满胸部，而某些名人的胸围也被公开，这对于精神病医生或家畜展览会的评委来说或许是一种值得注意的现象——但这绝对与时尚和优雅无关。

另一方面，亦不用相信为了显得高雅就一定要穿得简朴，只能穿高圆领口的衣服，或者那种像救世军中的圣女穿的不露腿长裙。领口极低的晚礼服总是很讨喜的。那些凸显女人曲线的裙子，如果只是展现轮廓而非暴露身体，并且制作精良，那么这类裙子可以让每个人都回头报以赞赏的目光。然而，如果你对自己的身材不太自信，尤其是有点丰腴的女性，那就不要强调自己的腰身，而应该遮盖它。至于魔术胸罩，只有胸部非常小的女性才适用，而且也需要十分谨慎。

女人们关于男性的时尚偏好似乎有一些错误的理解，导致许多年轻女性为了吸引男性而刻意打扮，却往往只换来了对方的惊诧。为了彻底地脱离这些错误的观点，请注意：

以下才是真正对男人有吸引力的：

- 宽下摆长裙、细腰、长腿的样子。
- 时髦而不前卫的衣服；男人也许比你想象的更懂时尚，连《华尔街日报》也刊登过关于时尚的文章。
- 几乎所有类型的蓝色、白色、极浅和极深的灰色；有些男人讨厌自己的妻子着黑，有些男人却十分喜欢。
- 香水。现代的男性相较于他们的父辈更喜欢淡一点

的香水，更欣赏巧妙调和的丰富味道而不是单一的
香气。

- 有领的套装和外套。

男人以为他们会喜欢的（只出现在电影中）：

- 暴露的紧身裙和极其突出的胸部。
- 假睫毛。
- "妖冶女子"的贴身内衣。
- 麝香，东方香型。
- 细跟高跟鞋。
- 长长的黑色流苏和过宽的红色雪纺荷叶边。

总而言之，男人们喜欢被人艳羡，但是他们讨厌惹眼。
还有，他们尤其不喜欢自己爱的女人表现得庸俗。

Shoes

鞋子

　　虽然时装设计师一年只用推出两三个不同的系列，但是制鞋工业却源源不断地为我们提供新款。一位衣着得体的女士所需的鞋子并不多，然而面对那些诱人的新款，我们至少会买下两倍于所需量的鞋子。因此，这方面的自我约束必不可少。因为鞋子永远只应该是衣服的补充，绝不是整套装束的目的所在。

　　世界上最优雅的鞋永远不会"点亮"你的一身打扮。事实上，如果鞋子过于引人注目，就无法达到优雅的效果。但与此同时，选错鞋子却完全可以摧毁一个原本可爱别致的造型。某些样式的鞋子就不应该在优雅的衣橱中存有容身之地，为了简化问题你可以立马丢掉它们：

- "恨天高"的高跟鞋。穿着它,你无法保持身体平衡,导致轮廓扭曲,仪态粗俗。即使你身高只有152厘米,你的鞋跟也不应该高过6厘米。
- 露趾鞋。这种鞋也许穿着舒服,但拥挤的城市街道上难免会被人踩到脚;下雨天双脚还会湿透。露趾露跟的平底鞋曾是20世纪40年代的畅销款;但自那时以来,时装趋势发生了剧变,浅口不露趾露跟的鞋子与城市装扮更相配。
- 坡跟鞋。战争期间由于皮革短缺,鞋匠一度被迫使用某种软木或其他木质作为鞋底,只有在这种情况下法国女人才勉强接受了坡跟鞋。高的楔形跟让你姿势笨拙、步态沉重。如果这种鞋子还使用内嵌假金鱼和花的透明塑料鞋跟,那真是糟糕透顶的品位。
- 脚踝绑带。这种鞋既不好看,也显廉价。
- 穿上后脚趾夸张外凸、鞋尖偏大、穿几次就松懈的鞋子；或者是带着一朵大西洋蔷薇或者蝴蝶结的鞋子——换言之，所有太过引人注目的鞋子。

• 更不用说鞋跟坏掉的和沾上泥巴的鞋了吧。

穿米色的鞋总是个安全的选择，穿上同色调的丝袜，搭配一件极浅色的连身裙来拉长轮廓。白色鞋子则会让脚显胖。只有搭配考究的晚装时，亮色的鞋子（红、绿等）才显出别致味道。或者，可以使用颜色鲜艳的芭蕾鞋搭配田园棉制衣裳，以及滑雪后穿的裙子或长裤。

芭蕾鞋或鹿皮鞋是长裤的必备搭配。穿着裤装时，搭配稍高跟的鞋子都会流于庸俗。你还可以赤脚穿镶了彩色石头的罗马鞋。晒成小麦色的长腿穿着罗马鞋和简单的夏日连衣裙或长裤，在避暑胜地招摇过市，十分养眼。

非常年轻的女孩子穿芭蕾鞋也很迷人（这里是说不到 12 岁的女孩，在她们开始穿小高跟鞋之前），这种鞋还适合夏季穿着蓬松连衣裙的年轻女性。但如同所有其他的露趾凉鞋，在城里穿芭蕾鞋给人漫不经心的印象。因此，即使是盛夏的八月中旬，在城市的街道上也不宜穿着芭蕾鞋。而另一方面，高跟鞋却不适宜乡村、海边或山中，除非是在晚上，跟考究的晚装搭配。

拼色鞋可以很出彩，只要这两个色调都是暗色的，如棕色配黑色，灰色配黑色，暗红色配黑色。然而，棕色配白色，或黑色配白色的休闲鞋虽然十分流行，但它们从来不是真正优雅的选择。事实上，只有在打高尔夫时才适合穿棕色配白色，或黑色配白色的鞋。

另外，除了非常休闲或运动的场合之外，黑色漆皮鞋非常百搭，跟白色、藏青色和棕色的外套都能搭配得宜。如果你不那么喜欢鳄鱼皮的鞋子（这类鞋子只适合休闲装扮），你还可以用黑色漆皮鞋搭配黑色鳄鱼皮手袋。

挑选运动休闲装扮时，最好避免细高跟鞋，而要选中跟、平稳的鞋子；如果你不戴帽子，甚至完全可以穿平底鞋。

到了晚上，你应该换下白天的鞋子，因为真正的晚装或考究的装扮不能搭配运动鞋。不过，你倒是可以用稍考究的鞋子搭配简单（而非运动风）的连身裙。

每个女人都梦想自己每一套晚礼服都配有一双面料相同的鞋子。但这种情况当然不常见，特别是当你过着非常繁忙又高雅的社交生活、拥有各式各样的晚礼服时。在这种情况下，最好的解决办法是准备一双浅色或亮色的、缎或锦缎质地的便鞋，协调搭配你所有的礼服，它们与晚装披肩也应该很搭。此外，你还可以再拥有一双黑色缎面或丝质的便鞋。

最后的建议也是最重要的忠告：永远不要为了好看而牺牲舒适。过紧或者不合脚的鞋子难免让你面容疲惫痛苦，这是优雅女性的大忌。

Shopping

购物

在城市购物的乐趣类似于乡间狩猎，女猎手得到的奖励就是她们梦寐以求的衣物或猎物。百货公司——尤其是在伦敦和纽约——无疑给女人提供了琳琅满目的商品，它们来自世界各地，而且有各种价位。

如需购置全套行头，你只消在哈维·尼克斯、波道夫·古德曼、第五大道萨克斯或者梅西百货逛上整整一天，就能得偿所愿。

Shorts

短 裤

负责运动服饰的女售货员应该拒绝向超过 40 岁或者臀围超过 96 厘米的人出售短裤。同理，要是你对自己的腿长和膝盖没有信心，那么最好避免短裤。较长的短裤是最难穿的，这种"童子军范儿"很难优雅起来。

超短的热裤可以很诱人，前提是你的大腿不过瘦也不太壮，紧实不松弛，而且短裤不会露出臀部的下端，裤子开口也宽窄得体。你应该穿不透明的紧身内裤，最好与短裤同色。

在 16 岁后你就不应该穿短裤了，除非在沙滩、网球场或甲板上。

Skirts

裙装

裙子是预算有限的女士的心头好，也是现代成衣工业的最大胜利之一。裙子搭配针织衫或衬衫，就可以年复一年地穿。裙子几乎适合任何场所，只是在城市街道上你需要加一件外套。每个女人都应该至少有一条黑色羊毛裙，一条花呢裙，一条亚麻裙。

直筒裙。长外套是必不可少的搭配。这样的裙子最适合臀部

紧实、大腿修长的女性。

（多片的）喇叭裙。不挑人，各种身材都可以穿，尤其适合臀部丰满的女性。最好的搭配衣物是短夹克。

褶裙。太阳型的褶裙在行走时是最迷人的，但它要求穿着者腰部纤细。箱型的褶裙最容易让臀部丰满起来。

百褶裙。腰围越瘦，穿着效果越迷人。这种裙子不要搭配夹克，而应该加一条紧身宽腰带。

裹身裙。穿脱简单，收纳方便，不过并不太实用。当下已经不再流行，只有在泳衣外穿着才算得体。

裙裤。用作射击或打保龄球装扮时方显优雅。

长款的晚装裙子。这种裙子在 19 世纪 30 年代开始流行，近些年被人们忽略，如今又再次成为家居晚装的理想选择。

一旦找到最适合自己的那种裙子，最好一直穿这一种，就算这意味着你或许有好几条不同面料的同款裙也没关系。

几条裙子，几件衬衫、针织衫，各式各样的腰带——不多的预算就可以打造迷人的装扮，甚至让人误以为你有很多衣服呢。

Stars

明星

　　即便没有引领时尚的野心，但仅仅因为身为美丽而著名的女人，明星们在优雅方面的问题就被放大了 24 倍：摄影师的镜头一天 24 小时都在窥探她的生活。这些摩登女神没有权利因为一丝皱纹、一磅体重或乏味的礼服让崇拜者们失望。因此，很多一线明星都会专门请一位设计师负责着装，以减小出错的可能。

　　不管有心还是无意，明星们对时尚的影响力显而易见。模仿偶像穿衣的一大陷阱在于，当今的偶像常常是与优雅相去甚远的。我几乎可以肯定地说，十几岁的孩子们——出于从众的心理，限于不多的预算——总是模仿一些恶俗的风格。

虽然引领一时潮流的年轻小明星可以为百货公司造型师提供大赚一笔的灵感，但是普通女性需要警惕盲目模仿，因为这种模仿十有八九会与优雅失之千里。此外，真正的优雅绝不是流行的花边趣闻那样的。

Stockings

长袜

　　即便长袜制造商推出了丰富的颜色和款式，大多数女士还是从早到晚、各种场合都穿同一款长袜。尽管制造商尝试一年发布两款新的尼龙丝袜，尽管我们被告知当季流行色是杏黄色、白兰地色或羚羊皮色（即土灰黄色），尽管缝合时而流行时而过气（一度被认为风格别致，然后被完全摈弃，如今又重新流行），但实际上，长筒袜留给我们的想象空间很有限。它们基本的趋势是越来越无形，越来越不容易被看出来。

　　不过，带编织图案、颜色鲜艳的长筒袜会给人增加趣味和运动感，迪奥就是第一个将这样的长筒袜应用于乡村装扮的品牌。小女孩穿及膝的印花丝袜也非常讨人喜欢。

然而，日常穿着中不必追逐最新款式，这是明智又经济的做法。每季你只需准备两色丝袜：一色白天穿着，一色夜晚穿着。在城市里，中性的米色长筒袜是最好的，它与各色外套都相配。到了晚上，换上一款颜色更浅更透明的丝袜，其脚跟和脚趾的增厚部分会藏在晚装鞋里，别人是看不见的。长筒袜的透明度和强度取决于针数和纤度。针数指编织纤维的密度，织针号越高，面料越结实；纤度指纱线的重量，纤度越大，长筒袜就越粗糙、厚重、结实。

购买长筒袜时，最好在真正的日光下挑选，以免看错颜色。因为在大多数百货公司的人工霓虹灯下，尼龙丝袜的色调看起来都比实际更浅。

避免用深色或偏红色的尼龙丝袜配黑色衣服，因为那看起来相当单调沉闷。这时，中性的米色才是最佳选择。虽然晒成小麦色的双腿搭配白色或浅色的夏日礼服看起来很美，但同样色调的尼龙丝袜搭配白色衣服却不好看。白色衣服更适合浅玫瑰红或米色的长袜。

如今，透明尼龙丝袜不再是奢侈品了，不同价格的袜子之间只存在很细微的差别。如果一次购买六双尺寸合适的同色丝袜，还能享受更低的单价。因此，你绝没有借口再穿一双脱丝的长筒袜了，你的手袋中应多放一双丝袜，以备不时之需。

　　遗憾的是，仍然有太多人穿着松垮变形的尼龙丝袜，任它们在脚踝和膝盖周围起皱打褶。无缝尼龙丝袜比有缝的袜子更容易松垮，因为后者通常已经做了充分的定型，也就是说，它们经过平整编织并通过增减针脚数量来成形，而前者则是依靠增加张力制成的。即便如此，我们还是可以通过注意穿着方法来尽量避免起褶：不要在刚穿进去的时候就在顶部猛烈拉扯，而是等到脚部已经穿好之后再逐渐向上展开袜子。

　　女人或许只把双腿视为功能性的身体部位；但对男人而言，女性的双腿是她们最诱人的部分之一。忽略这种吸引力不是聪明的做法。优雅的女性应该像对身体的其他部位一样，认真修饰，好好装扮自己的腿。

Stoles, Scarves And Pashminas

披肩、围巾和丝巾

　　这些名词实际上是同义词，都指某种面料或毛皮制成的矩形衣物。披肩的宽度应与其所搭配的衣服长度相当，围巾和丝巾则要再短一点。它们都能在给你温暖的同时，为你的外衣、套装和礼服增加优雅的韵味。

　　可以用和服装相同的材质和颜色制作它们，也可以选择能与服装形成对比的风格。可以选择带有流苏或毛球（更冒险）的款式，也可以完全无修饰。

　　身材娇小的女性会误认为自己不适合披肩，其实相反，披肩正好能在视觉上拉长身形；同理，魁梧的女性也可以借披肩起到收窄身形的效果。

披肩搭配休闲衣服和正式晚装都一样别致，且冬夏皆可用。合适的披肩一直是或长或短的晚礼服的最佳搭档，有了披肩，你就不用再穿一件夜间罩衫了。

简言之，披肩、围巾、丝巾优点无数，百搭实用。除此之外，它们还能让你举手投足之间更添女人味，让肩部动作尽显柔美。个性浪漫的女人更可以将此优势发挥得淋漓尽致。

Suits

套装

　　好的套装是女人衣橱的基础配备。它在每个季节都可以
整日穿着。因此，我强烈建议你在购买新套装时不吝血本，
你能从中获益多年。

　　经典套装通常都是既想省钱又想好看的顾客在巴黎女装
店定做的。她们会在比较便宜的商店买裙子，但套装一定要
精益求精。如此一来，裁缝工作室人满为患，顾客一般需要
等上至少六周才能与她们中意的裁缝师试衣。

　　不论面料是花呢、亚麻，还是羊毛，一身好的套装总要
符合以下要求：上乘的剪裁、成形性好的面料和硬挺的夹克。
剪裁最细致的地方在于拼接嵌入式的衣袖，要求袖笼线条平

滑流畅，不能有丝毫褶皱或者如羊腿般粗细不均。如果看到套装的袖子起褶或扭曲，那你应该毫不犹豫地要求重做。宁愿袖子稍稍偏短一些但十分规整，也不能接受袖笼处理不到位。如果腋下部分剪裁过深，会严重约束穿衣人的行动自由。在这种情况下，唯一的补救办法就是改掉整个套装的前片，这恐怕需要你极力坚持才能实现。

夹克的长度、连衣裙领口的设计、纽扣和腰带的细节都是与样式相关的问题，因此也是因地制宜、可以改变的。然而，一旦选择了某款经典的样式，一件做工精良的套装至少可以穿五年。特别是巴黎世家的款式，既引领风尚，又独立于潮流。

不管当前流行什么，长夹克都更适合臀部丰满的身材。而剪裁巧妙的衣领和翻领则能起到瘦胸的视觉效果。另一方面，平胸的女性穿无领带扣的开襟夹克（特别是气质青春的短款）更为优雅。

虽然套装通常属于休闲服装，但你当然也可以用它做盛装打扮。你甚至可以用带刺绣的丝绸面料制作套装，搭配长裙，这就是一套非常正式的晚间装扮。不过，羊毛套装决不应该搭配非常考究的鞋，比如缎面便鞋。夏日戴一顶简单的草帽或毡帽，冬季搭一顶点缀着一朵花的天鹅绒或羊毛帽子，就会非常别致。搭配羊毛帽时，你还可以选择一双浅色光面的小山羊皮手套，一件浅色的丝质衬衫（最好与帽子上的花朵同色），一枚漂亮的珠宝别针，简单的耳饰，一条珍珠项链——身着套装也可以盛装打扮到这种程度。

优雅的女人并不会只穿套装，然而，这是她最安全的服装选择之一。而且，当衣衫数量有限时，套装总是万能百搭的好选择。

Sweaters

毛衣

如今，漂亮的毛衣太多了。即便只靠不同的毛衣和裙子，女性也可以搞定从早到晚的优雅装束。谁能抵挡一件色调甜美、手感柔软的套头毛衫的诱惑呢？它们又是多么的合身舒适啊（胸围过大的人不在此列）。毛衣的存在让女人们能够花小钱就搞定衣橱的更新。只要你不是胸部过大，一件好看的毛衣比一条不伦不类的裙子更显优雅。

不过，毛衣也不宜滥用。如果你违反以下规则，毛衣也会失其优雅：

- 在城市，只有纯色的羊绒或丝绸（或类似的合成材料）质地的毛衣是优雅的。

- 开放的 V 领毛衣应该搭一条围巾，除非毛衣外穿了一件衬衫或套衫。

- 只有一种刺绣或贴花在白天看来是别致的：冬日运动毛衫上朴素的饰边。

- 重针织法、条纹织法、缆索织法、提花图案以及各种设计古怪的毛衣都最好只搭配裤子穿。

Tan

晒黑

在晒黑这个问题上，医生和美容师们已经发出过足够多的警告，我不必再多说了。

微微晒黑的肤色会给人一种惬意的健康感觉，而过度晒黑的表皮则会很显老，而且当你避暑结束回到城市时会看起来很不优雅。那种在沙滩或滑雪场上看起来极迷人的古铜色的阿多尼斯（希腊神话中的美男子），穿上都市时装给人的感觉完全不是那么一回事，年轻女性大都经历过这种失望吧。晒黑的人想要好看迷人，需要在户外，衣服领口要低颈露肩，手臂要裸露，衣服颜色要明亮干净（特别是蓝色、黄色和白色）。中庸的都市服装会让一位晒黑的美人儿看上去像是个贫血的非洲人。

　　晒黑的腿会在很长一段时间里保持棕色。在夏季假期结束后，最好穿上颜色较深的尼龙长裤，因为浅色的尼龙袜穿在深色的皮肤上面会显得发白且晦暗。

　　如果晒黑的初衷是为了让整个夏天都待在城市的倒霉朋友艳羡，那这种想要尽可能晒黑的狂热是可以理解的。但是现如今，每个人都能享受到阳光，我真的找不出浪费大把时间把自己晒成脆薯片的意义何在。

　　那些年轻时就认识我的老朋友会说，我以前的观点与此完全不同。的确如此。作为一位曾无可救药地晒毁正常肤色的女人，我的丰富经验都来自血的教训。

Teenagers

少女

那些不久前还被时尚产业完全忽略的 13 到 18 岁之间的年轻女孩，现今已经成为美国最重要的消费群体之一——而且欧洲一些国家也出现了类似的现象。如今，这个年龄段的女孩们不再选择女童专柜那些显然不再适合的孩子气风格的服装，也不再选择熟女专柜那些更不适合她们年龄和形象的成人款式，她们发现所

有大型商场里都能找到一整层的少女时装部。现在的商家、制造商以及设计师都敏锐地察觉到了这一充满活力的年轻顾客群体日益显著的经济重要性。他们很乐意满足这些少女顾客的奇思妙想。

时装采购员及造型设计师煞费苦心地研究少女们的品位，而学校附近的服装店都在假期雇用少女作为职员。这些商铺里充满了那些最流行的校园时装：格子裙、厚毛衣、中短裤、有图纹的长款羊毛袜、软皮平底鞋和牛仔裤，以及流行时间更短的样式，如吊袜带、男式马甲、低腰裙和低腰裤，还有棒球帽。同时，一些如《17岁》《魅力》和《摩》等拥有独特的年轻视角的专业杂志，给少女们提供了很好的时装和美容护理意见，教导她们如何保养皮肤，如何打理头发，如何为运动、城市和晚宴等场合选择合适的衣服和正确的配饰。

如此一来，从前被认为是"笨拙的年纪"现在已经成为女人一生中最美好的时期之一。由于她们有了属于自己的时尚，现在的年轻人更喜欢穿成符合自己年龄的样子，并不对过于成熟的风格太感兴趣。

不过，仍然存在着一些禁忌，而这些禁忌尚未引起足够的重视：

- 17 岁前不要戴耳环。
- 15 岁前不要使用雨伞作为配饰。
- 16 岁前不要穿真正意义上的高跟鞋。
- 14 岁前不要穿尼龙长筒袜(颜色鲜艳的紧身裤除外)。
- 18 岁前不要穿黑色衣服（黑丝绒除外）。
- 30 岁前不要穿垂坠的裙子,也不要佩戴坠感的项链。
- 30 岁前不要戴钻石及所有种类的珍贵珠宝，直到准备结婚。

Travel

旅行

　　仔细想想，当你离家万里，被陌生人包围的时候，人们完全只能透过你的外表对你进行评价。或许这样，你才会意识到外出旅行时穿着完美的重要性。这意味着衣着要与旅行的目的相符：不要戴有面纱的帽子和毛皮长围巾，给人一种参加婚礼的感觉；或者，也不要走向另一个极端，背着背包，打扮得像要去征服安纳布尔那山。现在，人们去旅行往往是去一个度假胜地。有种令人沮丧的趋势是，大家已经为第一站的日光浴提前穿戴好了。或许，露营者持有这种没所谓的态度还情有可原，毕竟他们能背的东西有限。但如果你不再是一个女童子军了，那就必须从其他的角度去处理这个问题。

如果从一个城市奔向另一个城市，你在火车、飞机或汽车上应该穿一套城市里会穿的服装。有了这身衣服，再精心计划一下配饰，那么手提箱里基本不需要装太多东西：冬天带上黑色便鞋、黑色皮包和能搭配所有晚装的外套；夏天上米色的手袋和鞋子，一件轻质外套和一条中性色调的时髦披肩，就可以跟你行李中的那两三件衣服搭配出迷人效果。

一年中有三个季节你可以长穿一套合身的套装。在此基础上加件短上衣或毛衣就会更暖和，或者，天气暖的时候也可以单穿。它是理想的旅行衣物，不管是羊毛、亚麻还是棉质的，都十分实用。

开车旅行时，你可以穿得稍微随意一些。外套加上与之搭配的裙子就很理想。夏日，唯一需要添加的就是一件颜色和外套相称的薄裙、一件宽松的上衣和一件运动衫。有了这些基本的元素，你可以衣着得体地长时间旅行。

如果从城市前往度假胜地，套装仍然是你出行最好的选择。你可以这样穿：冬天——配一件外套和一双暖和的靴子；夏天——配一件宽松的上衣或薄运动衫，别忘了手臂上搭一件薄外套。

最后，如果幸运的你将要开始一段长长的航海旅行，最好乖乖遵守那些既定的规则：甲板上可以穿得很休闲；永远不要为海上第一晚和最后一晚穿晚装，但是在其他的夜里就可以用你最好的晚礼服好好打扮；早上穿休闲装；午餐时可以穿稍正式些的衣服。这意味着你得带一大堆行李，对于拥有无限财富和闲暇的少数幸运儿来说，这是件十分高兴的事情。所以，这样的女人更喜欢乘船旅行。因为在这个已经使用星际火箭的时代，她们还能享受最后几场幸存下来的奢华狂欢。

第一次出国旅行时，最好提前了解目的地国家的穿衣习惯，以免被当作异类围观，也省得落地就匆忙置装。

Trousers

裤装

男人一定用了很久才接受女性也同样享有穿裤装的权利这个事实。以前，那是男性的特权，绝不与女人分享，即使是圣女贞德也不例外。

半个世纪前的习俗是把小男孩照女孩打扮，而现在则是小女孩穿得像男孩。因此，无须惊讶女孩子在穿了半个童年的裤装后，会在成年后继续穿着——即便之后的身材已经很女性化，不太适合跟裤子搭配，也还是如此。

一旦你体会过穿着裤子的舒服，就很难再想穿别的了。

近年来，家居袍开始流行，逐渐取代了过去几年很受欢迎的睡裤，前者自然是优雅得体得多。

Uniformity

趋同

由于西方国家的高生活标准和批量生产的西方时装的完美性，未经训练的观察员肯定会认为每个女人都穿得完全一样。

我不明白这种现象从何起源，但是它席卷了从西雅图到巴黎的所有女性，她们的着装都很趋同——而与此同时，她们花在衣服、化妆品和做头发上的钱和精力却越来越多！但我能确定的是：这种走向趋同的情况迟早会让高级时装设计师们转而投向批量设计，再考虑到定制服装的惊人价格，批量设计更加不可避免。

所有晚宴上人人都穿着那种著名黑色礼服，必须承认的

是我并没有向它们开战的勇气，而且我知道那种黑色礼服很
实用。但是，它应该被视为一件有用的基本款，然后根据你
的需求，搭配一些不那么循规蹈矩的衣服来对其进行补充。
无论如何，一位优雅的女人总是通过挑选别致的样式或另加
一枚宝石来消除乏味。

　　但如果你真的很喜欢和其他人穿得一样，那你的前景非
常乐观。趋同是现代化社会的天然副产品，
而且——谁知道呢？——也许有一天个
性会被视为一种犯罪。

　　到了那时，你总是可以去参军的。

Veils

面纱

　　尽管面纱在当下似乎已经不再时兴（虽然我不理解个中缘由），但它仍然是最惹人喜爱的女性装饰。或许，不再流行的原因在于它被广泛地用作帽子的替代品，它便宜又好戴，易搭配又实用——而时尚都是稍纵即逝的流星，越闪耀的星陨落得越快。

　　面纱通常被认为是较为考究的配饰。年长的妇人可以从早到晚戴着它，但是年轻女人在下午五点之前是不应该戴的。网眼大小的选择由你的个性风格决定，"蛇蝎美人"型可以选择较厚重、粗制的面纱，以增加神秘气质；"天真无邪"型应该选择精致、朦胧的薄纱，来凸显迷人魅力。至于颜色，并无限制，不过黑色总是最显别致的。

　　希望设计师们会让覆盖全脸——而不仅仅只遮住眼睛——的面纱重新流行起来。面纱总会让平凡的人增添几分生动、可爱、神秘。一旦戴上它，就算是最普通的主妇也会看起来像是要赶赴一场浪漫的约会。

手表

即便在最著名的钟表店，也很难找到一款真正优雅的腕表。当然，你大可以用一块普通的男士金表取悦自己，最好是方形的表盘，配有黑色小山羊皮的表带，这样既具有运动感又在低调中彰显别致。或者，你也可以花大价钱买一只镶有宝石的手镯，表盘就藏在简单的装饰图案下。但是，以上手表让你几乎没法查看确切的时间，况且后者的设计中还鲜有制作精良的产品。

无论如何，那种在"二战"前流行一时的小钻石腕表现在已经彻底地过时了。

除非你有幸可以找到一枚花朵形或小鸟形的古董宝石夹

子或别针，其内里嵌着一只小型钟表，比如 Fabergé（注：俄罗斯顶级珠宝钟表商）的杰作，否则最好不要尝试那些新颖的现代仿制品，因为它们的设计和工艺远没有原件好。事实上，手表是实用品，能够被装饰的程度是有限的。

我上一次想去店里寻觅既有吸引力又不平庸的表，但以自己亲自设计一款而告终。那应该算是个成功的尝试，因为我到现在仍然喜欢佩戴它。那是一款金表，所以我只在白天或非常随意的场合佩戴。把它翻过来使其正面朝下，看上去就像是一只普通的金手镯。

最后一点忠告：手表本质上是一个日间使用的实用配件，所以真的没有必要买一只十分讲究又昂贵的表。

Weather

天气

　　除了作为全世界人民礼貌性交谈的首选话题，天气也会被女性作为着装犯错的借口，即便这些人平时非常在意外表。但也不是说你非得冬天得肺炎或者盛夏中暑，才能在雨天、热天或者雪天等极端天气穿得好看。正是那些气候极端的国家生活的人们，创造出了非常漂亮的民族服饰，比如凉爽优雅的印度纱丽，或者浪漫的俄罗斯哥萨克服装。在西方的优雅着装范围之内，有很多方法可以让一位女士衣着得体地面对西伯利亚的严寒或热带八月的酷暑。

　　在极冷的天气里，她可以这样穿：

- 穿件薄的贴身丝质内衣（得是低领口、短袖或无袖的，这样穿在里面不会露出来）来保暖；可不要在一件好看的羊毛裙子上叠穿毛衣或者开衫，那一定会破坏其雅致。

- 穿弹力紧身裤袜而不是薄的尼龙长袜（在乡村，可以穿颜色鲜艳的紧身裤袜，在城市里则可以穿与长袜颜色类似的裤袜来搭配套装）。

- 在乡村，可以穿得像个滑雪冠军或加拿大捕兽人，但是绝不要在城市大街上穿滑雪裤。

- 尽可能选择长款的晚礼服而不是短的。在家里可以穿一条长羊毛裙和长袖毛线衫或针织上装。

- 善用披肩，可以增加几分优雅和暖意，对于套装、日间和晚间的衣服，甚至外套都是如此。丝质晚装披肩可以作为法兰绒衣服的衬里，为低胸礼服保暖。

如果天气炎热，着装问题似乎变得更困难了，因为一位

女士要在衣着得体的前提下穿得凉快，能脱下的衣服是有限的。

不过在酷暑的热浪下，她可以这样穿：

- 尽可能简化内衣，减少到最少的件数。
- 记住，棉质贴身内衣比尼龙的凉爽许多，有衬里的裙子比单片的裙子凉爽，因为单片的裙子（尤其是尼龙裙子）容易贴到腿上。
- 穿无袖、低胸的亚麻、棉布或丝质衣服，但在城市里最好不要袒胸露肩或裸背。
- 尽量选择浅色，它让人从心理上觉得比深色或者艳色更凉爽。
- 喇叭裙和褶裙比直裙更舒服，而且更不容易起皱。
- 避免束带的腰身，梯形和高腰线的样式比较好穿，这可以让腰部更为宽松舒服。
- 记住，在城市的白天穿露脚趾的凉鞋很不优雅，橡胶或合成材料的鞋底在热天令人难以忍受；低帮帆布鞋是最佳策略，不过露出脚后跟的系带女鞋也是可以的。

- 实际上，夏日热浪中长袜可以让脚更舒服。但如果在你身处的城市或办公室，人们习惯在一年中最热的月份光着腿，那么你应该首先确认：腿是否已晒成漂亮的棕褐色，以及是否已经好地修饰过。

- 尽可能地戴顶草帽，这总会令人感觉凉爽，特别是当帽檐的凉爽阴影可以遮到你的脸上和颈后的时候。

- 使用比冬天所用香水更淡一些的香水，最好是古龙水和淡香水。

- 效仿英国人在热带地区的做法：外出时遮挡住头部，尽可能频繁地换衣服、洗澡，总是靠街道的阴凉侧行走！

Weddings

婚礼

　　没有新娘子愿意穿着日常的衣服结婚，哪怕再不正式的婚礼也不行。即便受制于客观条件或是财力不能穿上传统的白色婚纱，她也会想至少在这个喜庆的日子有些新的穿戴。最好的解决办法是买一身时髦的套装和一顶漂亮的帽子——只要不是用花装饰，或者带面纱和白色羽毛的那种都可以。

　　周日早晨的教堂门口，年轻的新娘穿着半套结婚礼服——因为她只能买得起半套——这场景也太可怜了。其实，如果新娘只是选择一套普通的都市套装，那么不必花大价钱也能打扮得更迷人。同理，宾客们也不用只是为了参加婚礼而买入华丽但不实用的衣服。我不太喜欢非正式的白色短款婚纱，这种礼服让人觉得你没有意愿或能力购置一套完整的礼服。所以，最好彻底放弃这种短礼服。

只有简洁乃至朴素的长款结婚礼服才会显得优雅。不过它应该使用华贵的面料制作——重磅蕾丝或者无光泽的缎子。当然，季节、婚礼的重要性和新娘的个性都会影响结婚礼服的选择。

高挑纤瘦的新娘凸显自己的身材是很有好处的。她们可以穿上厚重面料的长袖修身长裙，肩部垂下的披风长得成了裙裾，头上戴一只简式皇冠。为了展示自己洋娃娃般的迷人风采，娇小的年轻新娘可以选择薄纱、蕾丝质地，夏日甚至可以穿蝉翼纱，搭配一条小短袖、无裙裾的大蓬裙，再戴一副白色短款手套，再选一款头饰或帽子来增加自己的身高。

去教堂的台阶上拍婚纱照时，面纱会成为一个问题。因为它蒙在脸前时十分可爱，但掀到脑后就会歪向一边并不好看。通常，我不太喜欢家传的蕾丝面纱。即便它十分昂贵，我也并不觉得它会为一条现代的婚纱增添任何光彩，有时反而破坏了原来的优雅。

新婚夫妇还要小心过重的裙裾拖在地毯上，让新人看起来像拖着刑具的犯人（不吉利的想象！）。

新郎应该穿上燕尾服——婚礼上其他男宾客也是如此——以搭配新娘的正式长婚纱。女性家庭成员穿着长礼服已经不时兴了。任何季节，最优雅的装束自然是连身裙外罩丝绸大衣。就算是曾祖母也不应该在这个场合穿黑色，但更柔和的色调是可以的，如深紫红色、灰色、米色或浅蓝灰色。

如果新娘的母亲身材还保持得很好（现代妈妈们看起来难道不是差不多跟女儿一样年轻吗？）可以穿丝质套装，或者连身裙搭配夹克。帽子可以选择较大的那种，冬天戴羊毛或天鹅绒质地的，夏天选择草编的。在任何季节，祖母戴带纱的帽子都很得体；另外，如果帽子的颜色是与外套同色系的不同色调，那自然十分优雅。

你也可以根据衣服搭配鞋子和手套，以及同样材质的扁的小钱包。不过，每件配饰的颜色最好不要完全相同。

如果你非常讲究，或许打算包里多带一双手套，尤其当你的手套是白色或淡黄色时。因为在穿过了迎宾列队的考验后它可能显得不再干净了。

在最优雅的现代婚礼上，新娘的花童通常都是小孩子来担任。我自己最喜欢的那种是：全都是小男孩，打扮得像唱诗班的少年，穿着长长的红袍子和白色的法衣。不过婚宴开始前，应该让孩子们换身衣服，因为这身装扮只能在教堂里穿。

女花童也很迷人，她们总是兴奋地穿着浪漫的长裙子，戴着小帽子和短手套，捧着小小的花束。她们的裙子应该选择简单的面料，比如棉制凸纹布。陪伴着她们的是打扮得像小绅士特洛男爵的男童们，他们会身着长裤、褶边衬衫和宽流苏绸带。

小女孩和小男孩的服装颜色当然应该统一。最好的配色是：女孩子们穿白色裙子，搭帽子、绶带、同色花束；男孩子们穿黑色天鹅绒或者白色缎面长裤、白色缎面衬衫、与女孩子们同色的绶带。

按法国的习俗，新婚夫妇在婚礼上应该悄然退场。但是在盎格鲁－撒克逊国家，所有参加婚礼的宾客会聚在一起，欢送新人蜜月之旅启程。在这个时刻，优雅的旅行装备是这样的：在夏天，穿白色亚麻套装，深色衬衫，深色手套、帽子和鞋；在冬天，穿呢子套装，或礼服外罩一件大衣。即使真正的蜜月之旅是次日出发，新娘在婚宴离场时还是应该穿着这一身。一旦离开人们的视野，新娘就可以脱下帽子、手套和鞋——婚礼当天，这些应该是可能让她感到不舒服的东西。

现在，女人再婚也不是什么不得了的事。新娘越年长，就越应该限制婚礼邀请宾客的人数，因为在这种情况下，婚礼不过是改变民事状态的仪式。在我看来，一套优雅的衣服——比如你穿着去过高级午宴的那种，一件套装或是羊毛大衣，再加连衣裙和简式帽子——就是最合适的装束。只要不是白色，其他颜色，包括黑色，任你选择。

周末

在城市中熬了 5 个快要窒息的工作日后，越来越多城市人会选择周末去乡下好好呼吸 48 小时的新鲜空气。由此，从人们悠闲的田园情结出发，一整套产业得以出现和发展，运动休闲服装前所未有地大卖。

一位优雅女人约了三五好友去乡下度周末，她的一套理想服装应该包括：

* 套装，搭配以平底鞋（冬天则换成靴子），以及旅行风的漂亮手袋。

在冬天、春天和秋天，套装质地可以选择相当厚的粗花呢，色调多种，再搭配一件毛衣，外面加一件防水外套或运动外套。到了夏天，衣服的材质可以是颜色鲜艳的亚麻或棉布，与之搭配的是衬衫裙，凉鞋，还有草编手袋。

过夜的旅包里应该带上：

- 一件样式简单的晨衣，既不透明又不会过于宽松，跟大家一起吃早餐时穿，看起来漂亮又清新。
- 一条长裤，一件毛衣（夏天时则是一件衬衫）。
- 一件泳衣和背心裙。
- 如果晚上和朋友在家里随意地聚会，一件裤装就可以了。
- 如果派对的女主人喜欢正式一点的风格，又或者周六晚上要举行晚宴，那就选择一件稍稍低颈露肩的长礼服。如果周末安排有非正式的晚间鸡尾酒自助餐，更恰当的着装应该是：
- 冬天穿一件很简单的船型领口的白色针织连衣裙，

或一件浅色无袖羊毛修身长裙。

- 夏天穿一件同样款式的印花棉质或亚麻裙子。

　　如果还受邀参加较剧烈的体育运动，记得带上所有合适的衣服。如果女主人得与一个打扮不得体的朋友一同出现在俱乐部，或者这位没有远见的客人唯一穿来的鞋子是走不了两步的细高跟鞋，还需要借她的白色网球裙、马靴，甚至仅仅是一双走路舒服的鞋子，那真是太讨厌了。

　　总之，就算你打心底里根本不是一个户外运动型的女人，也至少应该在乡下度周末的时候穿得像样一点。还有，无论如何一定要把你那些假睫毛留在城里。

Xmas

圣诞

圣诞节是一个非常特别的日子。你为此提前准备了好几周，琢磨着带给别人怎样的惊喜。如果一年中有那么一段时间人们觉得自己友善亲切、体贴好心、周到慷慨，那一定是圣诞节。

自然，你的外在装扮也应该与这些优良品质同样美好。一般说来，对女人而言意味着买一条新裙子，换个新发型，做一次美容。此外，你还应该对收到的礼物心存感激，因为在内心深处你希望自己的友善、周到、慷慨等都能得到大大的回报：比如送出一条领带，收获一份珠宝！

　　根据圣诞派对的类型，一件或长或短的晚礼服，把自己打扮得光彩动人——只要别闪耀过圣诞树就好。

　　如果在乡间或山中过节，抑或与家人密友安静地度过平安夜，那就穿上家居袍子或者天鹅绒的睡衣，再点缀些首饰就很好。不过如果你喜欢绣花或羊毛的短裙搭配亮色裤袜和低领针织衫，那也未尝不可。

　　记住：这是一个非常特别的夜晚，值得你为此特别用心装扮。

Yachting

游艇

游艇上只有旗帜可以飘在风中。如果衣服和裙子也像那样迎风飘舞，那是不合时宜的。因此，简单的衣物，甚至是稍偏男装样式的衣服会更适合在游艇上穿着。而且，用于休闲娱乐的游艇通常没有配备可以容纳许多复杂衣服的大衣橱。

如果幸运的你可以在热带水域中巡航，那么你将需要以下物品：

- 几件速干泳装（它们是你所带衣服的主力）。
- 一件毛巾浴袍。
- 短裤和棉质上衣，用于船上午餐会时穿着，那是一天中最热的时候。
- 一套真正的沙滩装。
- 一条亚麻裙子或裤子，以及一件宽松的上衣，在海滩上午餐时可以穿。
- 一件呢绒外套，夜里有凉意的时候穿。
- 最后，还要有一件比较考究的衣服，晚上在岸上的高级餐厅吃饭时可以穿。

如果在较冷的时候出航，你需要几件厚毛衣，一件质量上乘的外套，羊毛袜子，以及用于上岸游览时的亚麻套装。有些游艇上，人们习惯一整天都在甲板上光着脚；而还有些船长更希望船员和客人们穿上防滑的运动鞋。除此之外，你还需要几双在上岸时穿的凉鞋或帆布鞋，但是在任何情况下都绝对不要穿高跟鞋，那会弄坏甲板的。

绝对不要戴那种带帽舌的海军上将帽！旧亚麻帽才是抵御强烈阳光照射的最佳选择，戴一条纯色棉质或薄绸丝巾是防风的好办法。

在游艇上，你终于不用担心以没化妆的面貌出现在大家面前，你醒来时不慌不忙，你性情温和，你的优雅来自朴素自然无修饰。如果你真的做到了这一切（也没有晕船，而且还会游泳），那么无疑你将拥有人生中最美好的一段时光。

Zippers

拉链

　　拉链这种东西，肯定是被某些又疲惫又没耐心、受够了每天夜里帮老婆解开裙子后那排扣子的丈夫们发明出来的。不论其发明者的灵感源于何处，拉链都算得上一个神奇的科技产物，但从美学的角度看，就不那么令人欣赏了。所以，拉链的使用应该越让人察觉不到越好，比如染成与衣料同色或者藏在衣服的平贴口袋中。另外，拉链不必过长，能轻松地穿脱衣服就可以了。

　　拉链最大的不足是柔软性不够。它们对于平滑的直线剪裁的衣服来说很合适，却不能用于宽松下垂或者有褶皱的衣服，这种情况下应该用钩眼扣和按扣，或者是纽扣和钩眼扣。

后背使用纽扣毫无疑问要比拉链来得别致得多，但是也麻烦得多。大多数女设计师也不喜欢在长袖上使用拉链；但不可否认的是，拉链比纽扣要更实用。

考虑周到的设计师会尽量避免在可能引起穿衣者不舒服的地方设计拉链，比如可能会坐上去的地方，以及那些会增宽腰线或者臀线的地方。基于此，后部拉链适用于裙子，前部拉链——跟男装一样——适用于裤子，那种后部两侧各有一个短拉链的设计则适用于直筒裙。

Zoology

动 物

　　和一只美洲豹幼崽、一只被驯服的鳄鱼或者一只猩猩（甚至是一只非常聪明的猩猩）在公共场合同时出现这种事情，最好留给那些崭露头角，需要靠造势宣传以博得关注的年轻演员。因为与动物们一同出现会给人置身马戏团的感觉，而这与举止持重的优雅女性不甚相符。但是，如果携人类最忠实的朋友——狗同时出现，那情况就另当别论了。

　　从很早之前，拥有一只狗就被视为优雅之事。历史上一些非常美丽的女性，大费周章地要求弥留之际有最爱的宠物陪伴。尽管你可能看起来很糟糕，穿着毫无格调，筋疲力尽，讨厌身边的人和事，觉得自己被完全地忽视，但是你总能在狗狗清澈的双眸中，找到无限的崇敬和毫无保留的忠诚。有时我在想，狗这种动物，一定是为了提高我们的斗志，以及在最需要鼓励的时候给予我们莫大安慰而存在的。

作为对这些无上馈赠的回报，狗主人需要给狗狗们足够的关注，而这只会花去我们少量的精力而已。无疑，伦敦有很多女人充分理解拥有、照顾、训练狗狗的麻烦，简言之，就是人狗和谐相处的麻烦。在海德公园或者佐治亚广场边上遛狗的时候，这些夫人们总是穿着舒服的低跟鞋子和色彩暧昧的衣服。穿这种衣服的好处是，宠物们沾满泥巴的爪子不会在上面留下抹不去的痕迹。

如果你的狗狗是那种爱跳爱玩的类型，那么你得与那些白色或者浅色的外套和裙子绝交了。如果你的狗刚好是长毛品种，你需要小心某些合成纤维织物会像磁铁一样粘上掉落的狗毛。还应当注意，那些结构松散的织品很容易成为困住小狗爪子的无尽陷阱。

有些如蝴蝶犬、约克郡、吉娃娃、京巴和迷你雪纳瑞那样总被人抱着的犬种，就不会给你带来太大问题，因为从

主人的车子移动到温暖卧室的全程中，它们的爪子完全不会接触到地面。

　　唉，必须承认在狗界也有流行这一说，比如艾尔谷犬或卷毛和直毛猎狐梗，在某天突然就神秘地消失了，就像一顶过时的帽子。甚至还有些品种，在欧洲被轻蔑地称为看门犬，优雅的女人不会再看得上眼，比如波美拉尼亚犬和猎狐梗，尽管它们是最聪明的犬类。与此同时，随便一只被漂染过的迷你贵宾，或者任何长毛、短毛或者卷毛的达克斯狗，都可以撕破巴黎最具贵族气派房子里的靠垫。甚至还有一些品种得到皇室的专门青睐，比如英女王的威尔士柯基犬、温莎公爵的京巴，以及现如今在公爵宫殿中才能见到的英国斗牛犬。

无论是什么品种——甚至一些起源不详犬种——你的狗都应该和它的主人享受同等的照顾。每天抽出几分钟用来梳理狗的毛发，检查耳朵和爪子，擦拭其眼睛，这些会大大提升狗狗的外貌和自尊心。当然，别忘了让兽医及时给狗刷牙和剪指甲，必要时还应该给它泡泡澡，尽管这可能会惹它叫唤个不停。像贵宾犬和卷毛猎狐梗这类的品种应定期修剪毛发，如果你不是这方面的专家，最好请一位专业人士来处理。因为如果你希望自己的狗得到赞赏，甚至适合出席展览，那么它的造型必须符合狗舍俱乐部的标准。

许多城市都有犬类服装设计师，但狗狗的衣服同样应该避免古怪风格。比如镶满人造钻石的项圈就显得相当庸俗。可以选择一套颜色和狗狗的毛色搭配的项圈和皮带，甚或只是素净的黑色，最多上面只能有一些镀金纽扣；在冬季的话，应该给它穿一件与之相称的外套。

献给希望永远自信得体的女人

图书在版编目（CIP）数据

优雅 ／（法）热纳维耶芙·安托万·达里奥著；龚橙译.
—南京：译林出版社，2018.1
书名原文：A Guide to Elegance: A Complete Guide for the Woman who
wants to be Well and Properly Dressed for Every Occasion
ISBN 978-7-5447-7124-5

Ⅰ.①优… Ⅱ.①热… ②龚… Ⅲ.①女性－服饰美学－通俗读物
Ⅳ.①TS941.11-49

中国版本图书馆 CIP 数据核字（2017）第 242334 号

著作权合同登记号　图字：10-2013-411 号

优雅〔法国〕热纳维耶芙·安托万·达里奥／著　龚橙／译

责任编辑　　陆元昶
特约编辑　　王兰颖　郭　梅
装帧设计　　Metis 灵动视线
校　　对　　肖飞燕
责任印制　　贺　伟

原文出版　　HarperCollins Publishers Ltd.
出版发行　　译林出版社
地　　址　　南京市湖南路 1 号 A 楼
邮　　箱　　yilin@yilin.com
网　　址　　www.yilin.com
市场热线　　010-85376701
排　　版　　文明娟
印　　刷　　北京旭丰源印刷技术有限公司
开　　本　　960 毫米 ×640 毫米　1/16
印　　张　　16.5
版　　次　　2018 年 1 月第 1 版　　2018 年 1 月第 1 次印刷
书　　号　　ISBN 978-7-5447-7124-5
定　　价　　49.80 元